爱上数学
儿童逻辑力训练

[日] 冈部恒治 著

傅迎莹 译

U0385882

黑龙江科学技术出版社
HEILONGJIANG SCIENCE AND TECHNOLOGY PRESS

黑版贸审字：08-2021-012

图书在版编目（CIP）数据

爱上数学. 儿童逻辑力训练 /（日）冈部恒治著；傅迎莹译. -- 哈尔滨：黑龙江科学技术出版社, 2021.7

ISBN 978-7-5719-1018-1

Ⅰ. ①爱… Ⅱ. ①冈… ②傅… Ⅲ. ①数学－儿童读物 Ⅳ. ①O1-49

中国版本图书馆 CIP 数据核字(2021)第 119043 号

爱上数学　儿童逻辑力训练
AI SHANG SHUXUE　ERTONG LUOJI LI XUNLIAN
[日] 冈部恒治 著　傅迎莹 译

选题策划　张　凤
责任编辑　张　凤　焦　琰　马远洋
出　　版　黑龙江科学技术出版社
地　　址　哈尔滨市南岗区公安街 70-2 号
邮　　编　150007
电　　话　（0451）53642106
传　　真　（0451）53642143
网　　址　www.lkcbs.cn
发　　行　全国新华书店
印　　刷　哈尔滨市石桥印务有限公司
开　　本　880 mm × 1230 mm　1/32
印　　张　5.125
字　　数　130 千字
版　　次　2021 年 7 月第 1 版
印　　次　2021 年 7 月第 1 次印刷
书　　号　ISBN 978-7-5719-1018-1
定　　价　36.80 元

序

其实，一提到算术，我可没有什么好的回忆。因为打怵计算，总出错，成绩也不理想。

如此一说，有人会说："数学家不可能那样，只是谦虚地说'算术成绩不好'而已吧。"

但是，这真的是客观的事实。小学五年级的时候，语文在5个评价等级中是5，算术却只有2。即使是现在，我也不那么擅长计算。在上课中也有因为计算错误而让学生困扰的情况发生。

因为时常会被误解，所以我先说清楚，虽然我打怵计算，但是我非常努力地练习计算。

正因为如此，我深深地知道计算的重要性。因此，大学生计算错了分数，"只是忘了分数的计算方法"之类的话真的是无法相信。

我非常喜欢跑步，但是在运动会上总是最后一名。可以说，我没有计算和跑步方面的才能。

每当说到这儿，就有人问我：“为什么还把（一般人认为的）与计算关系最密切的数学作为专业了呢？”大家都觉得太不可思议了。

但是，选择成为数学家这条道路，或许就是因为太打怵计算了。

进入中学后，从“算术”变成“数学”开始，我就变得非常喜欢数学。因为我发现“有时只要稍微动一下脑筋，就能把费事儿的计算很简单地解决”。

对于擅长计算的人来说根本不是事儿的计算，我却需要花费不少工夫。所以，我总在思考：“怎样才能把这个计算简化呢？”

总那么拼命地思考后，算术和数学也给了我回答。所以，在进入中学不长时间，我就发现没有比数学再有意思的东西了。

到现在我依然打怵计算，但只要条理清晰地去思考，连查找错误的方法都能被发现。

而且，和计算一样不擅长的背诵，也多亏了在数学上“所有事物都要按条理去思考”的思维方式，让我得以克服。

本书，就是要介绍这样的思维方式，我希望这样可以为和我有一样困扰的各位提供一些小帮助。

在中学时我改变了“算术”“只是计算”这个想法。但是，“动点脑筋就能轻松解决问题”这个思维，还是从小学就开始培养更有效。当然还应该在长大后再不断地磨炼。

但是，目前，为了简明地表示“小学数学”而不得不用“算术”。

特别鸣谢编辑冈村知弘先生，每日新闻的森忠彦总编辑，负责的山根阳子、池乘有衣二位，松户幸子女士，土肥雅人先生，数学协会的长谷川爱美女士。

冈部恒治

目录

用直观解算术

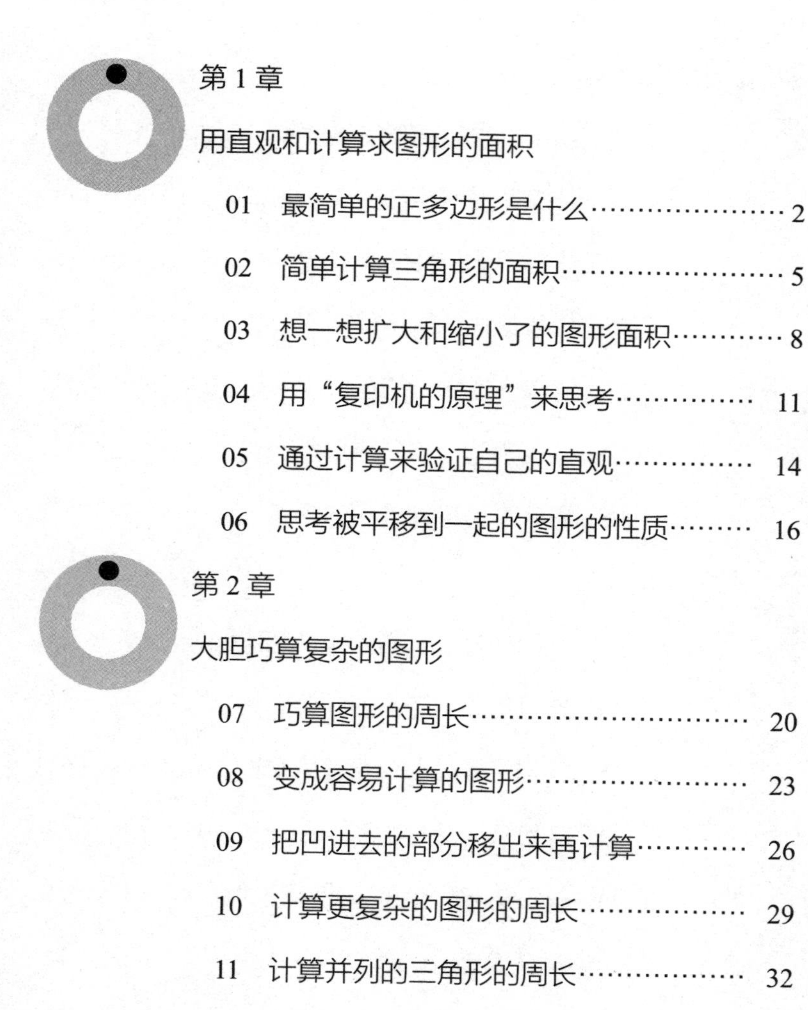

第 1 章

用直观和计算求图形的面积

第 2 章

大胆巧算复杂的图形

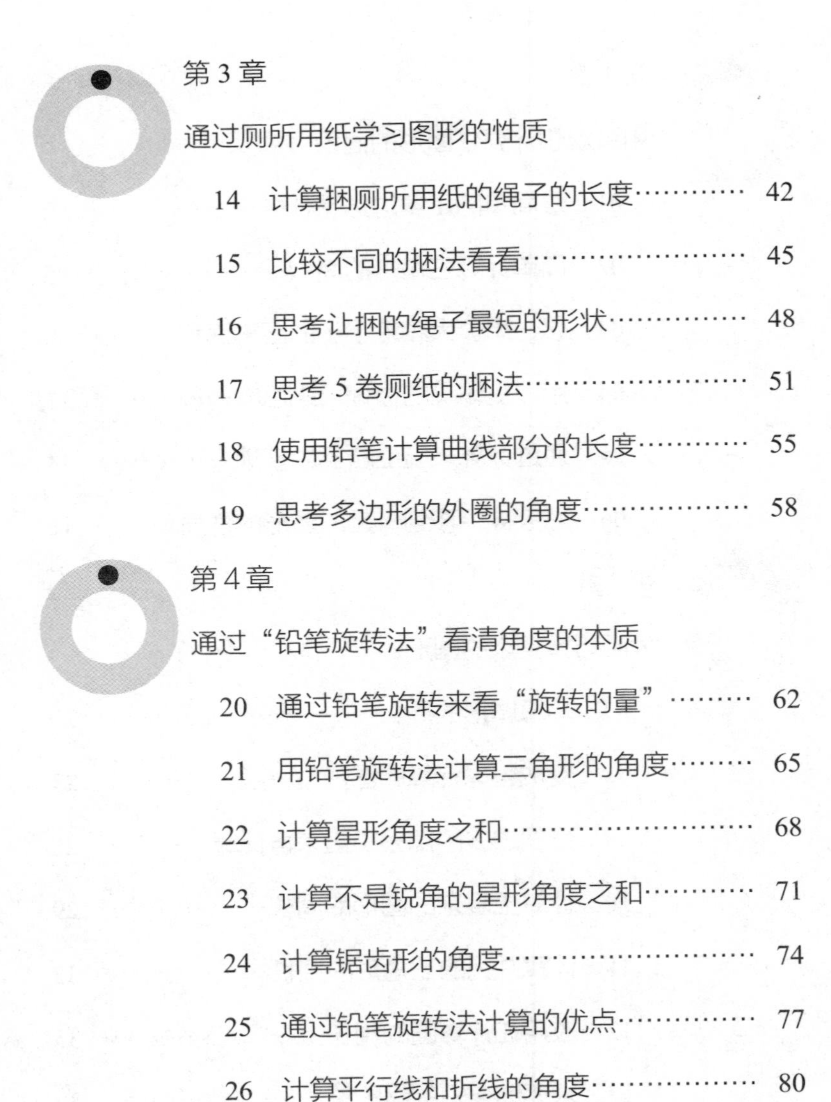

第3章

通过厕所用纸学习图形的性质

第4章

通过“铅笔旋转法”看清角度的本质

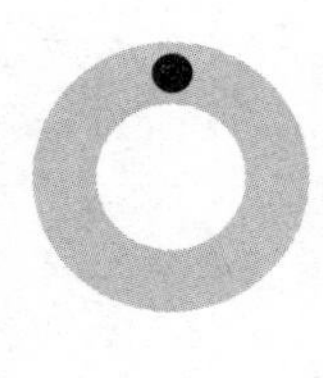

第 5 章

通过火柴棍拼图思考图形和数的关系

第 6 章

切分年糕揭示图形的规律

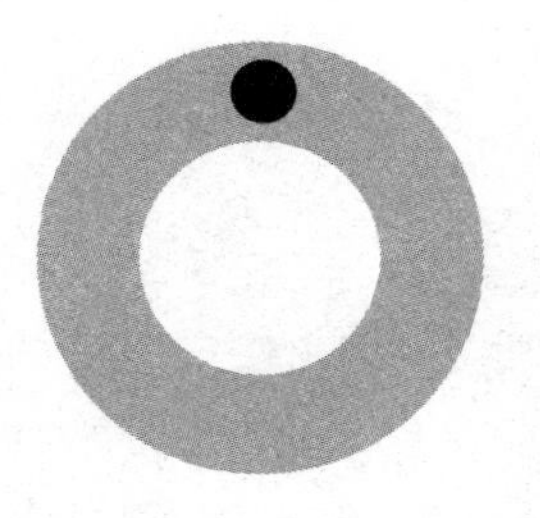

第1章

用直观和计算
求图形的面积

01

最简单的正多边形是什么

这是我去一所小学上的一节“算术游戏”课上发生的事情。在最后的提问环节，一个学生向我提出了“在正多边形中最简单的是哪个呀”这个问题。

外出授课就是这样，既能因为被问到这样有趣的问题而开心，又能让自己有所提高。这么难得的有趣的问题，一下子还真是无法作答。我就反问那个学生：

“你怎么认为的呢？”

于是，那个学生是这样回答：

“我觉得是正三角形或者正方形其中的一个吧？应该就是角和边都最少的正三角形吧。”

大家是怎么认为的呢？

那个学生的答案，属实精彩，但稍做补充的话会更好吧。

比如，通过那些图形“想干什么”或者“想知道什么”，问题的答案也不尽相同。

例如，被要求画“一条边长为 10cm 的正三角形和正方形”

的时候，画正三角形更轻松。先画一条 10cm 的线，再以两端为中心，只需用 2 次圆规就画成了。

而正方形，明明很常见，但画起来却还挺麻烦。画一个边长全是 10cm 的四角形，会有变成菱形的情况。因为画直角不容易。即使用上了三角尺的直角，实际上也很难达到完美。

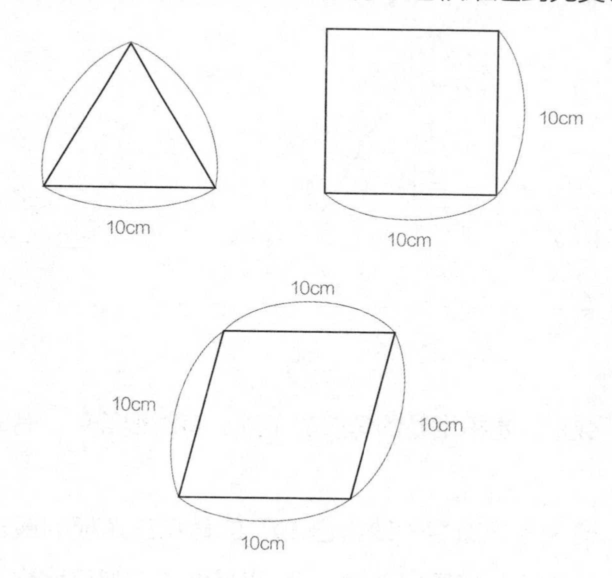

但是，如果被要求“求边长为 10cm 的正三角形和正方形的面积”时又会如何呢?

正方形的话，用 $10\times10=100$（cm^2）立即就能计算出来，而正三角形就没那么简单了吧。

正三角形的话，如下图所示，很容易就知道底边是 10cm，但因为高的计算有点麻烦，我们就直接使用结论吧。

高约为 8.66cm。

其实，把两个有 60° 和 30° 角的细长三角尺拼在一起的话就相当于一个正三角形，因此，边长为 10cm，正三角形的面积约为

底 × 高 ÷2=10 × 8.66 ÷ 2=43.3（cm^2）。

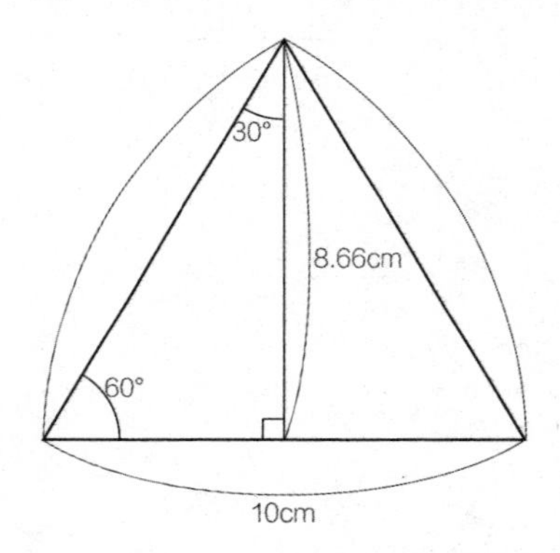

数学就是根据看的角度的不同，有时很简单，有时又很有趣。

请大家试着量一量自己 30° 的直角三角板的最长边的长度，用这个长度乘以 0.886，再和其他边的长度比比看。使用计算器进行计算也是可以的哦。

02 简单计算三角形的面积

三角形的面积在特别的情况下也可以简单地计算出来。例如，像图 1 已知三角形的底边和高的情况下就很简单。

底边为 8cm，高为 4cm 的话，面积用“底 × 高 ÷2”，就是 $8\times4\div2=16$（cm^2）。

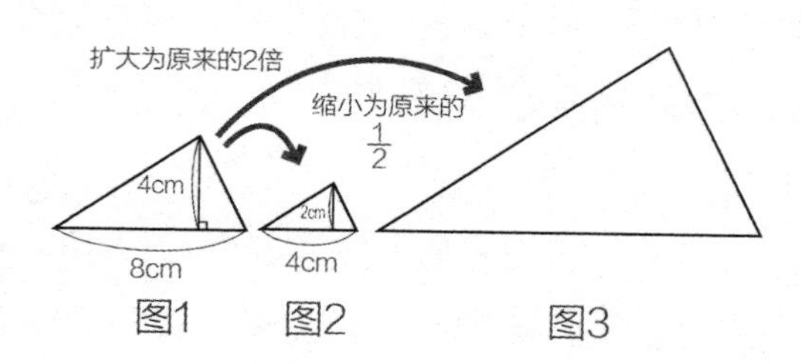

那么，图 1 缩小为原来的 $\frac{1}{2}$ 的图 2 的面积是图 1 的 $\frac{1}{2}$ 吗?

显然不对吧。图 2 的底边长度为图 1 的底边的 $\frac{1}{2}$，是 4cm，图 2 的高为图 1 的高的 $\frac{1}{2}$，是 2cm。所以，图 2 的面积是 $4\times2\div2=4$（cm^2）。

但是，如果已知图 1 的面积，求图 2 的面积，那就没必要计算它的底边和高。与图 1 相比，因为底边和高都缩小为原来的 $\frac{1}{2}$，所以面积就变成图 1 的 $\frac{1}{2}\times\frac{1}{2}=\frac{1}{4}$。也就是只要计算

图 2 的面积 = 图 1 的面积 $\times\frac{1}{4}=16\times\frac{1}{4}=4$（$cm^2$）就可以了。

同样，把图 1 扩大 200%（即扩大为原来 2 倍）的话，即得图 3，可以知道面积扩大为图 1 的 $2\times2=4$ 倍。所以，图 3 的面积就是 $16\times4=64$（cm^2）吧。

再来，把图 1 缩小为原来的 $\frac{4}{5}$ 的话，面积就变成图 1 的 $\frac{4}{5}\times\frac{4}{5}=\frac{16}{25}$。

这样，我们就可以知道将三角形扩大为原来的 a 倍的话，面积就扩大为原来的 $a\times a$ 倍。

已知下图的正三角形图 4 的面积是 $100cm^2$，请计算将它变形之后的图 5 和图 6 中有颜色部分的面积。图 5 是基本问题，图 6 稍有变化。

⑩，⑤，① 表示长度比

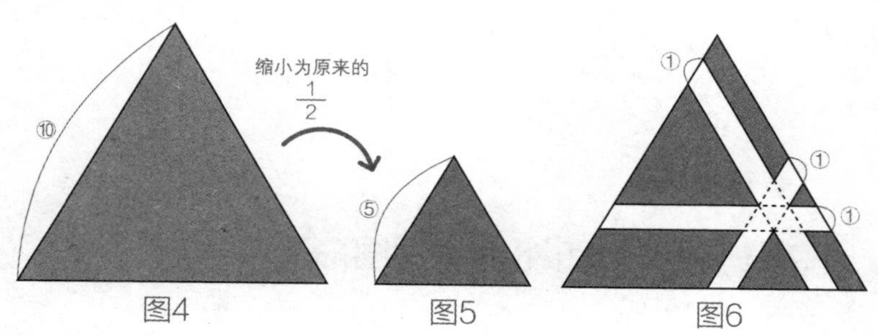

答案　图 5 的面积是图 4 的 $\frac{1}{4}$，就是 25cm²。图 6 按照下面的图进行变形，变成被缩小到图 4 的 $\frac{8}{10}$，也就是 $\frac{4}{5}$ 的正三角形。所以，面积是图 4 的 $\frac{4}{5} \times \frac{4}{5} = \frac{16}{25}$，$100 \times \frac{16}{25}$ 就是 64cm²。

图6的变形

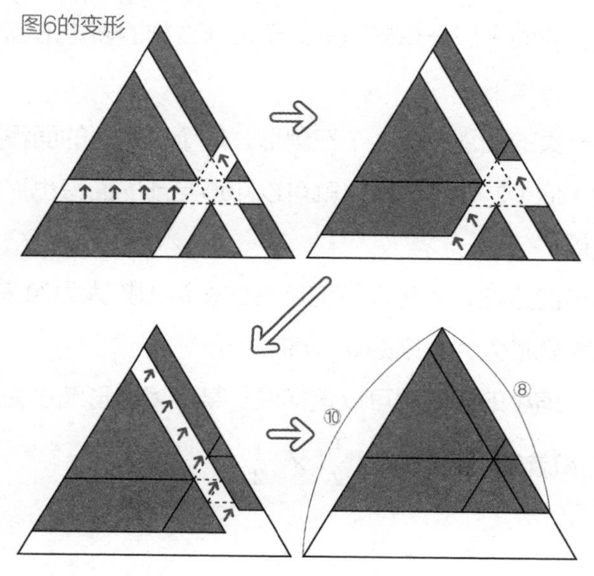

03

想一想扩大和缩小了的图形面积

将三角形扩大为原来的 a 倍，是底边长和高分别扩大为原来的 a 倍，所以面积扩大为原来的 $a \times a$ 倍。

只有三角形有这个性质吗？

并不是这样的。

首先，我们来想一想多边形。无论什么样的多边形都可以分成若干个三角形。

把下一页的图划分成 4 个三角形，每个三角形的面积扩大为原来的 4 倍（2×2），所以就可以知道全部的面积也扩大为原来的 4 倍。

用这样的方法，就可以知道所有的多边形扩大为原来的 a 倍后的面积就扩大为原来的 $a \times a$ 倍。

同样，缩小的情况也可以这样说。某个多边形缩小为原来的$\frac{1}{2}$，面积就缩小为原来的$\frac{1}{2} \times \frac{1}{2} = \frac{1}{4}$。

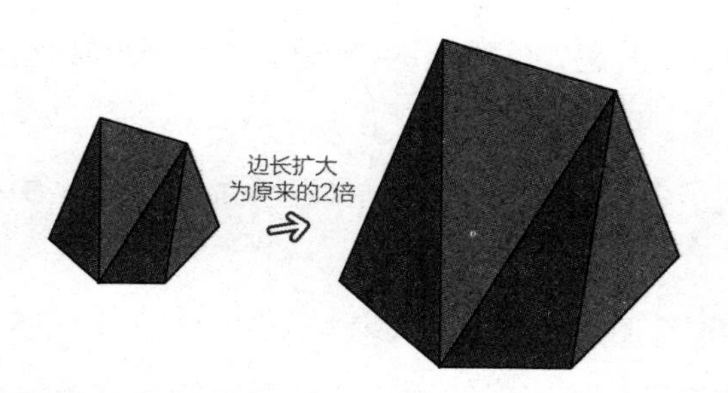

那么，用曲线组成的图形又会怎么样呢？比如说圆，古希腊的天才阿基米德计算圆周率就用到了正九十六边形（下图）。

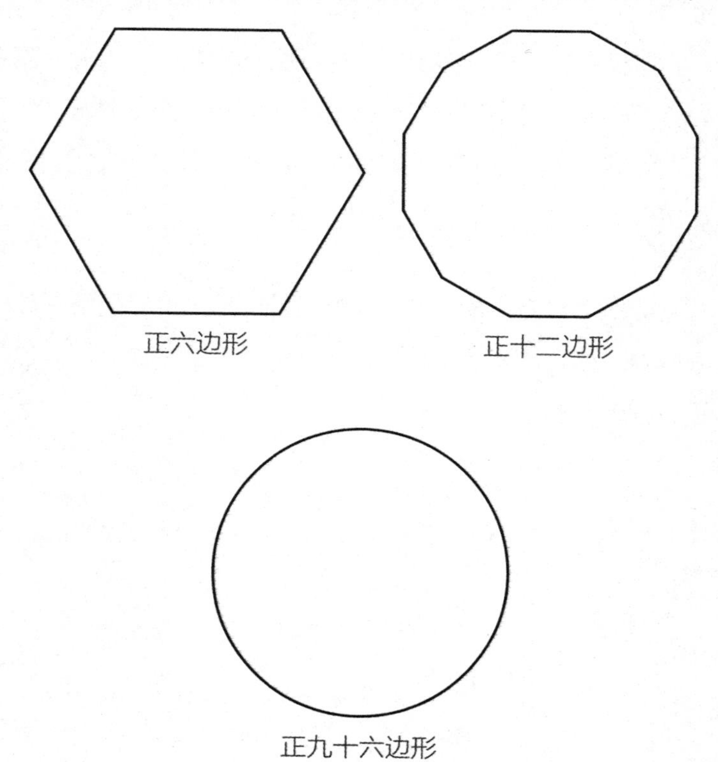

那么，我是如何画出这个正九十六边形的呢?

其实，所谓的“画出了正九十六边形”就是个弥天大谎，只是画了个圆，说是正九十六边形而已（这是愚人节的小玩笑）。

说这个不是为了消遣大家，而是想要大家知道“将正多边形的顶点变得非常多的话，就会变得和圆分辨不出来”。同理，我们可以认为用曲线组成的图形也是由非常多的三角形构成的。

这样一来，可以得出“无论什么样的图形，扩大为原来的 a 倍，面积扩大为原来的 $a \times a$ 倍”这样的一般的性质。

同样，也可以说“无论什么样的图形，缩小为原来的 $\frac{b}{a}$，面积缩小为原来的 $\frac{b}{a} \times \frac{b}{a}$”。

算术上，如果某个性质在特别的图形上成立的话，我们要考虑到“这个性质是不是在什么样的图形上都成立”，这一点是非常重要的。

04 用“复印机的原理”来思考

知道了“无论什么样的图形，用复印机扩大为原来的 a 倍的话，面积即为原来的 $a \times a$ 倍”这样的性质后，是不是就想试着将它使用到各种各样的问题上呢？

例如，下面这道题。

问题　有一块 90m^2 的正六边形的土地用来建花坛。如下图，分别向三个方向铺设正六边形边长 $\frac{1}{3}$ 宽的道路。请计算花坛的土地部分（阴影部分）的面积。

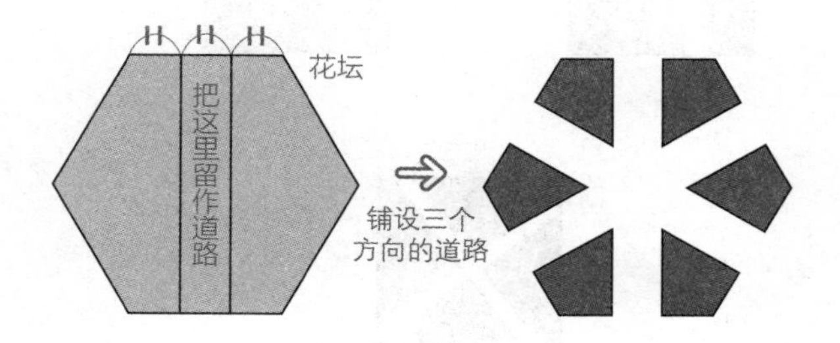

将其平移到某个顶点周围，如图，因为形成的图形是正六边形，所以面积为

$$90 \times \frac{2}{3} \times \frac{2}{3} = 40\ (\mathrm{m}^2)$$

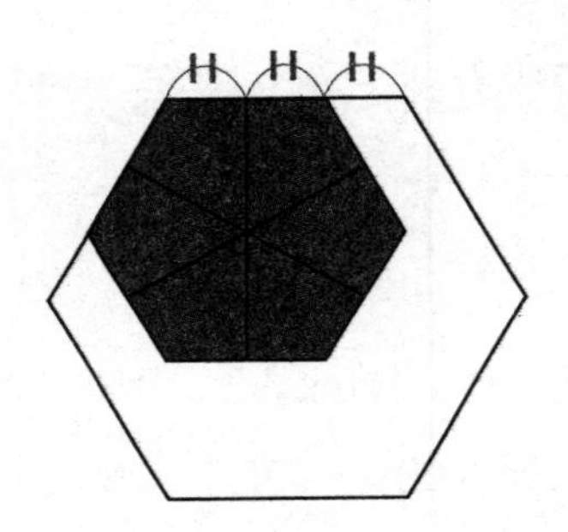

其实，类似的问题有很多，你可能已经做过长方形的相关问题了。下面图 1，图 2 也是如此。如果是长方形的话，只要用长宽就能很快求出面积，所以也用不着搬出复印机的原理来计算。

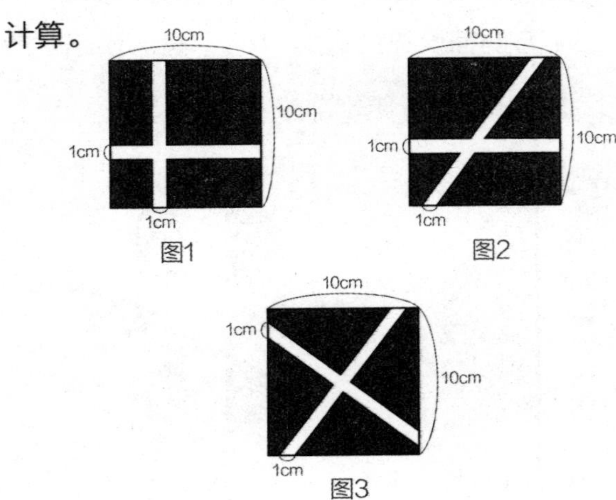

图1

图2

图3

图 1 和图 2，如下图所示，一下子就能计算出面积为 $81cm^2$。

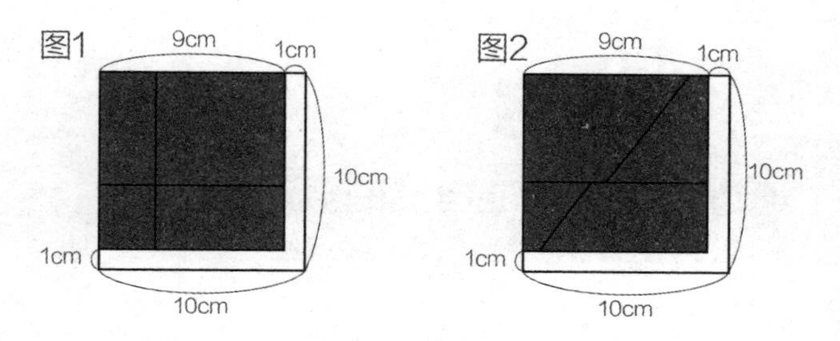

那么，图 3 也是同样的面积吗？

在翻开下一页前，请仔细思考一下。

05

通过计算来验证自己的直观

下面看起来相似的 3 幅图，图 1 和图 2 的阴影部分的面积是 $81cm^2$。“那么，图 3 的面积是不是也是一样的呢？”前一页我们留下了这样一个疑问。大家来思考一下这个问题吧。

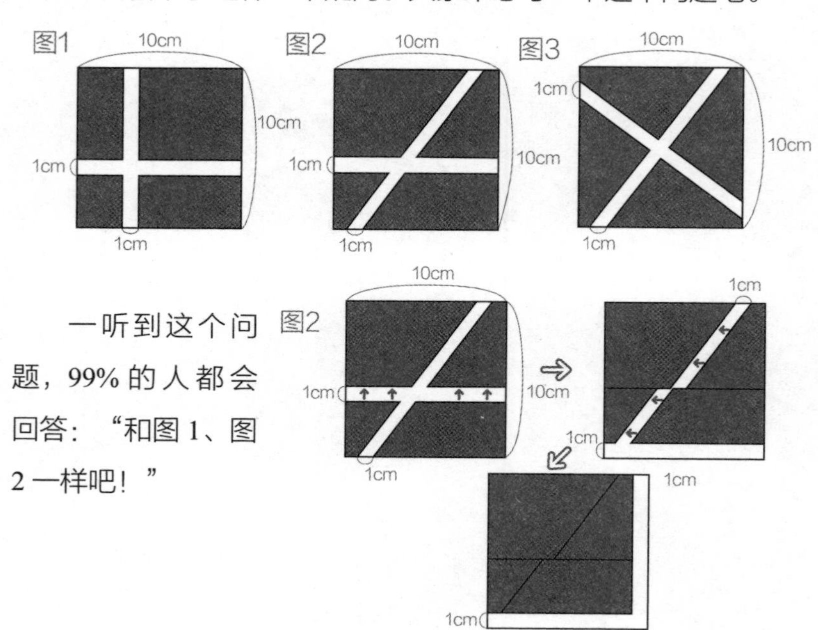

一听到这个问题，99% 的人都会回答：“和图 1、图 2 一样吧！”

但是，很遗憾，不是这样的。我们通过同样的平移，把阴影部分靠在一起，就会发现只有图 3 中间空出了一个洞。在这里，为了比较，只把图 2 和图 3 进行了同样的变形。

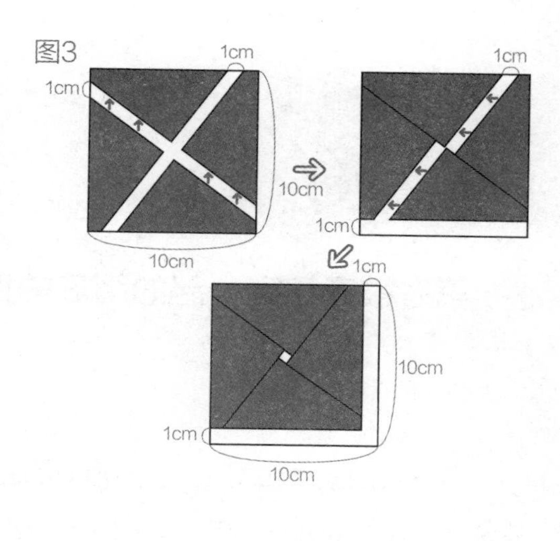

这些确实都是看起来一样，长和宽都为 9cm 的正方形，但是我们能看到图 3 的正中间有一个小洞。所以，图 3 的面积要比 $9\times9=81$（cm^2）小。

直观上或许会认为“原本的图形就相似，计算结果也应该相似？”，其实，很多时候事实是与直观不相符的。

数学的计算和证明就是判定直观是否正确的非常重要的方法。

这个时候就会有直观不准确的人吧。是不是就会想：“前面讲过的正三角形和正六边形平移后也没有洞啊，图 1 和图 2 也都符合，为什么图 3 就不行了呢？”这样，我们就更能看到问题的本质了。

06

思考被平移到一起的图形的性质

下一页的图 2 和图 3，虽为相似的图形，但平移后，图 2 变成一个小一点儿的正方形，图 3 却空出一个洞。这个差异是如何产生的呢？

为了思考这个问题，我们在平移的时候，先进行横向平移。

图 2，斜着的线（加粗的线）的长度正好吻合，变成易于计算的长方形。然后，波浪线也完全吻合，所以就变成了正方形。

而图 3，不论先平移哪个方向，都不吻合，都不能成为一个完整的图形。所以，问题应该就出在这儿了吧。

那么，我们之前提到的正三角形（6 页）又会是怎样的呢？（参照下一页的图形。）

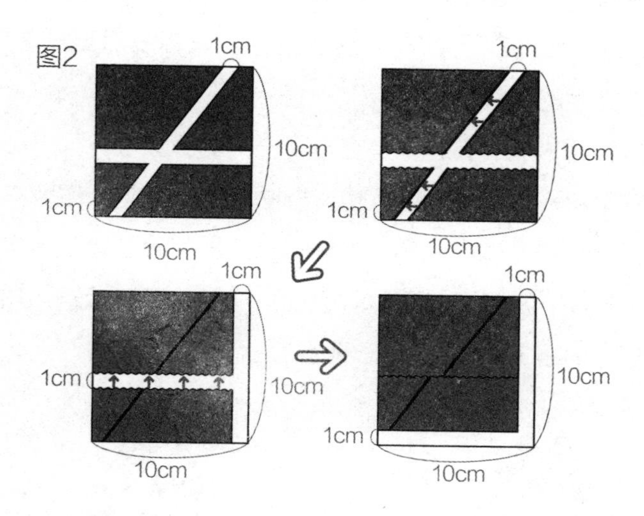
图2
1cm
10cm
1cm
10cm
1cm
10cm
1cm
10cm
1cm
1cm
10cm
10cm
1cm
10cm
1cm
10cm

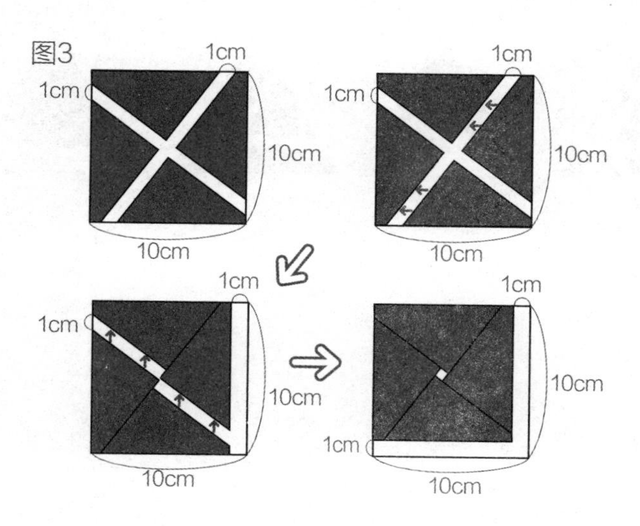
图3
1cm
1cm
10cm
10cm
1cm
1cm
10cm
10cm
1cm
1cm
10cm
10cm
1cm
10cm
1cm
10cm

图 4 和图 5 的两个正三角形都空出了 3 条缝隙。图 4 就是 8 页出现的那个图形。平移时波浪线、粗线、超粗线都正好吻合，成为一个完整的三角形。

但是，图 5 呢？看起来是空出了一样的缝隙……

实际平移一下看看，怎么也没办法平移到一起，硬要移到一起的话，就会发现中间颜色加深的三角形部分重叠了 3 次。这是由 3 条线（波浪线、粗线、超粗线）的长度不一致导致的。

平移的时候，是否能够正好吻合是至关重要的。

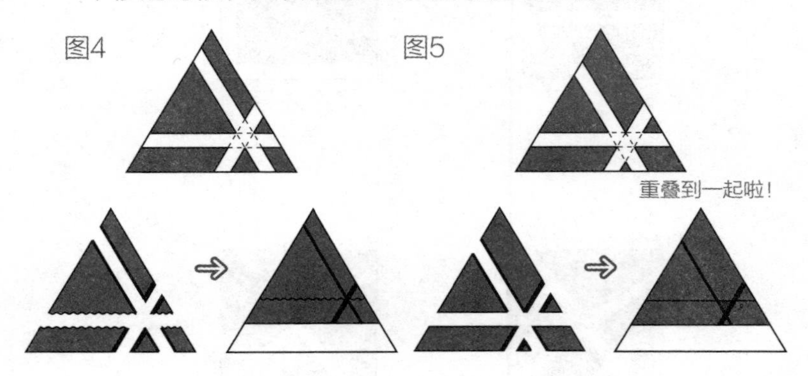

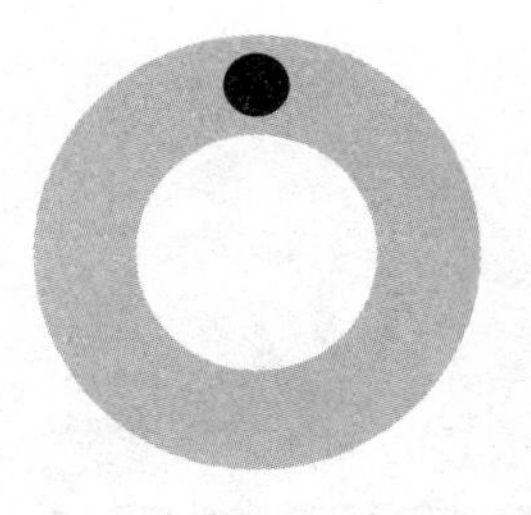

第 2 章

大胆巧算
复杂的图形

07

巧算图形的周长

希望大家思考一下，下一页图 1 的周长（所有的角都是直角）。乍一看好多的锯齿算起来太费事儿了吧。

即使这样，还是希望有人说："就那么都给加起来就行了吧！"，然后就立马去计算"5+6+6+5+6+7……"。那如果在计算之前，再稍微思考一下，这就是进行巧算、培养算术能力的秘诀。

像这道题，虽然麻烦但是只要通过加法还是可以解答的。但是还会有像下面图 2 这种，有几个长度不知道的情况。

其实，这道题也可以很容易就计算出来的。

21 页的图 3 就是一个提示。如果把图形凹进去的部分移出，使其变成长方形，这样，它的长度不变。

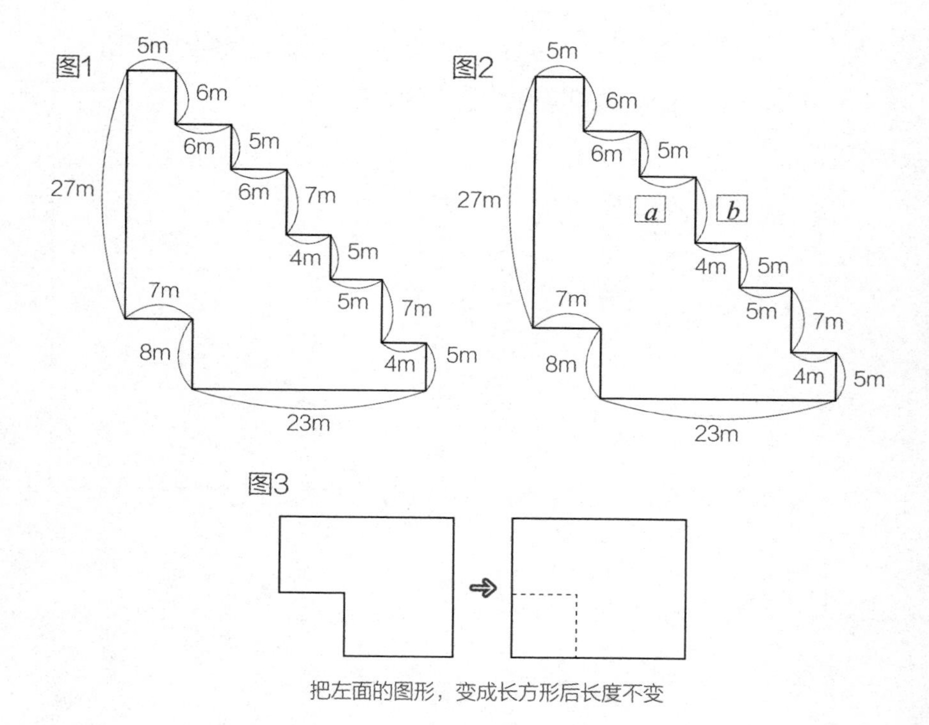

把左面的图形，变成长方形后长度不变

按照这样的方法，将刚才的图形进行变化，就会变成下面的图 4。

再来计算，周长 =（35+30）×2=130（m）就可以了。

那么，再来说说前面的图，只要计算出左侧的宽和下面的长就可以了。很容易就能计算出宽为 27+8=35（m），长为 7+23=30（m）。

对了长度的计算，只要动脑筋多思考就能找到很多窍门。在这一章我们就来思考几个这样的问题。

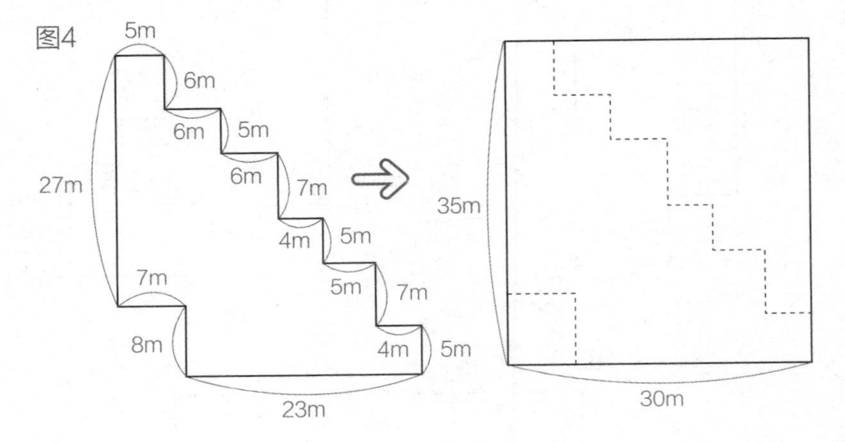

08 变成容易计算的图形

我们这就来做一道和前面相似的问题。因为是求长度的问题，所以按照下图的提示，要做的是不改变长度而尽可能给它变成长方形或正方形。

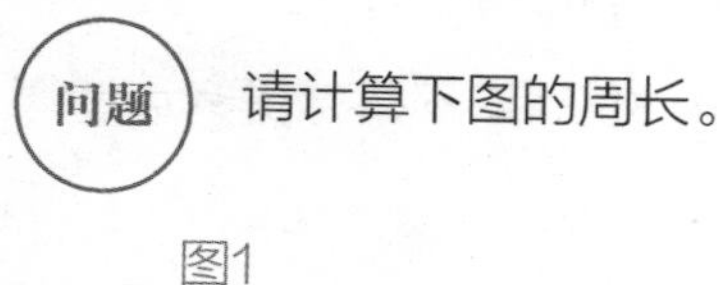

问题　请计算下图的周长。

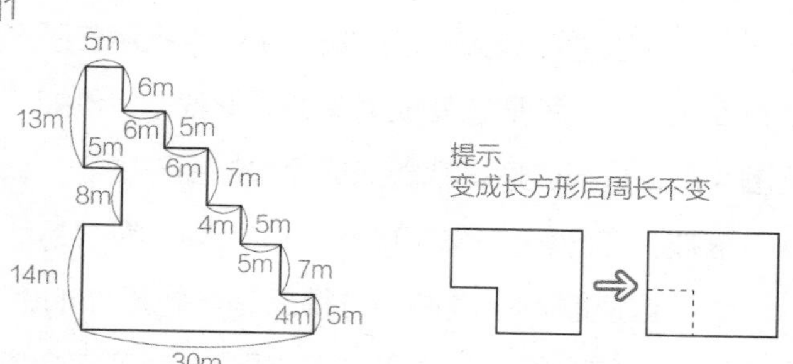

根据提示，变成了图 2 的长方形。

图2

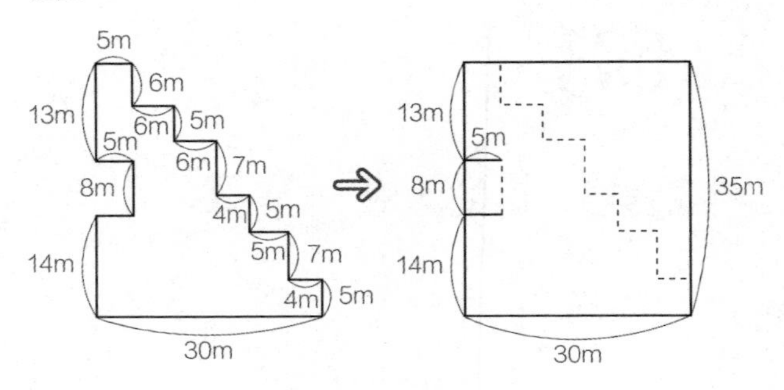

图 2 这样基本就是个长方形了，但因为还有 2 条 5m 长的边，所以计算为 30×2+35×2+5×2=140（m）。

但是，说到还要另外加上 2 个 5m，是不是感觉有点遗憾呢？

这时，因为要计算的是周长，所以也不用在乎形状或者面积有变化，总之就把它变成简单的图形就行。例如，像下一页的图 3 那样进行变形，就能变成简单的图形啦。

这样，它的长度就是 35×4=140（m）很容易计算出来。

对于这道题，你或许会觉得只是需要另外加上 5×2，这么变形也没有什么太大的差别啊。但是，其实这个方法是一个非常有效的解题方法。我们将在下一部分的介绍中揭晓。

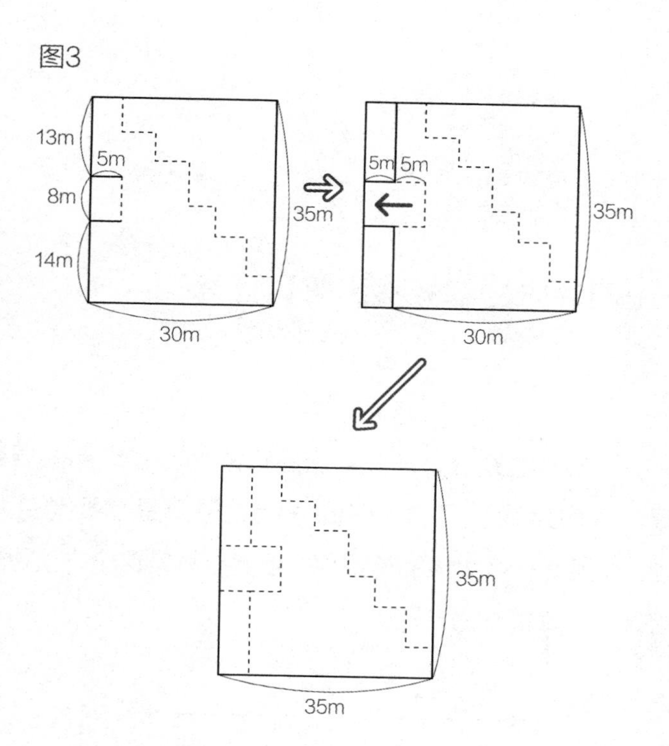
图3
13m
5m
8m
14m
35m
30m
5m
5m
35m
30m
35m
35m

09

把凹进去的部分移出来再计算

前一部分的题目，可以看出右边的图比左边的图更容易计算吧。而且我说了：“你或许会觉得只是需要另外加上 5×2，也没有什么太大的差别啊。但是，其实这个方法是一个非常有效的解题方法。”

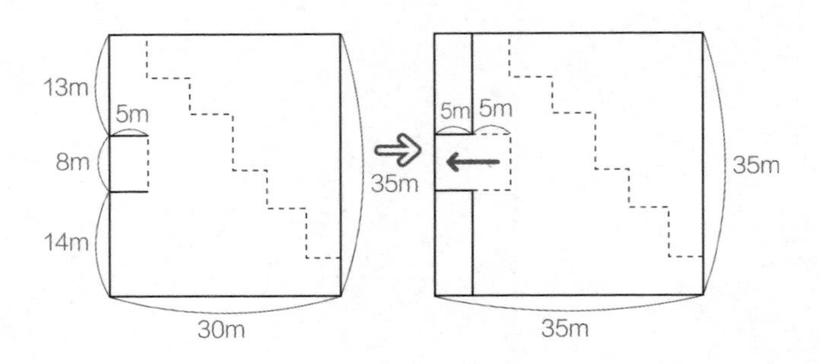

那么，在什么情况下，效果很明显呢？我们来看下面这道题。

请计算周长。所有折角都是 60°　。

关于这道题，将它变成如下图的大正三角形的话，看起来就容易计算了。

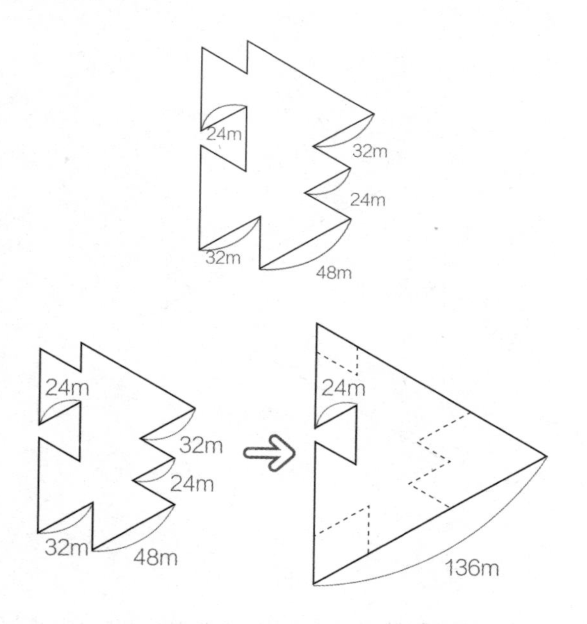

但是，如上图这样，变形后却没有成为一个完整的正三角形，最后还需要再另外加上一部分长度，计算起来还有点麻烦。那么再变一下呢，变成下一页的图的话，用 160×3=480，就能很容易的算出来是 480m 了。

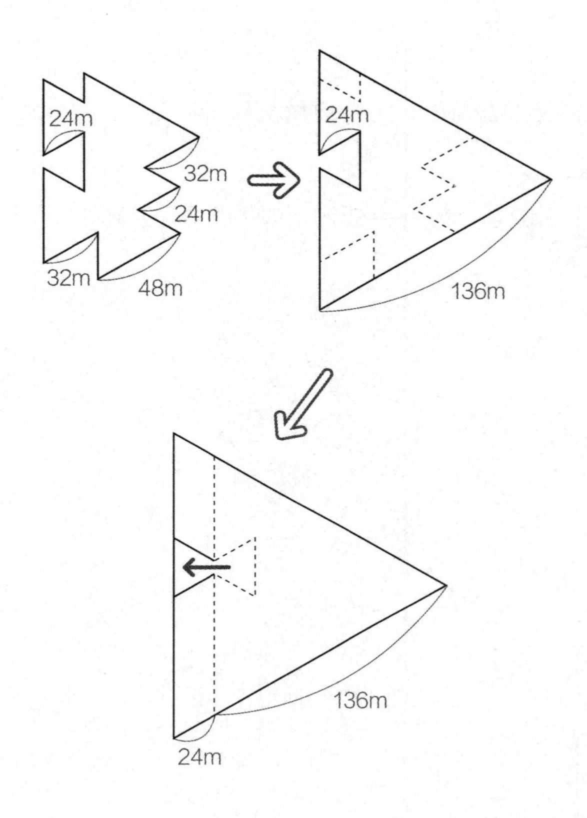

这样，就完全能够理解“把凹进去的部分移出来再计算”这个方法有多实用了吧。

10 计算更复杂的图形的周长

我们知道了计算图 1 的周长时，要把凹进去的部分移出来，变成图 2 再计算就可以了。

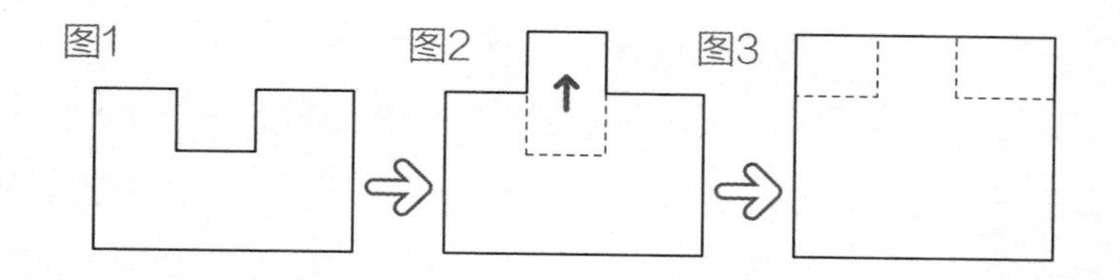

但是，这个是凹进去部分的两侧是一条直线的情况。那么，像下一页的图 4 之类的问题（好久以前，刊登在某张广告单上的），又要怎么做呢?

那张广告单上的解答是“尽量将其变成图 5 那样近似长方形，再假设 *AB* 的长度为□，*CD* 的长度就是 22 －□ +8。这样，纵向的长度为 22+8+ □ +（22 －□ +8）=60（m），横向为 25 × 2=50（m）。所以，周长为 110m。”

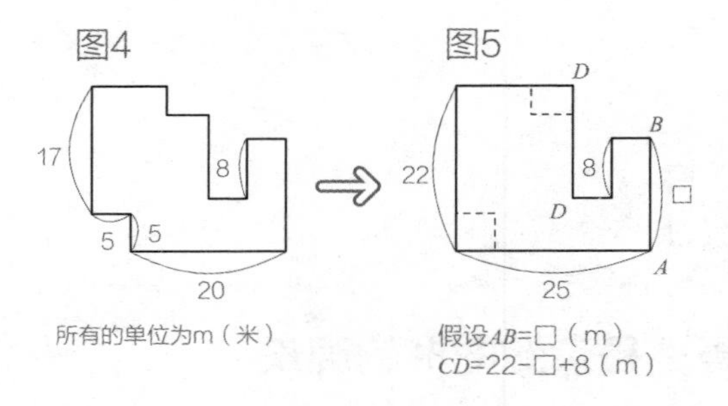

但是，还是有些复杂吧。算式里有个□的存在，多少会让人觉得不舒服吧。

如果把这个也用上——“只要不改变长度，尽量把它变成简单的图形”的方法的话，就没必要用□了。有人可能就会产生疑问：“凹进去部分的两侧也不一样高啊。”

我们再重新试一次，先把图 5 凹进去部分改成图 6 后，再把它进行变形，变成下一页的图形。也就是说，把凹进去的粗线部分进行 180° 旋转，变成图 7。这样就可以很容易地把它变成长方形啦，如图 8。

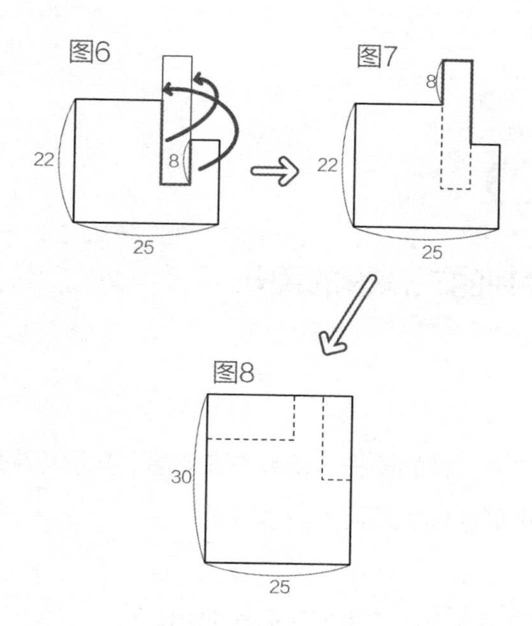

这样，周长就是

（25+30）×2=110（m）

虽然答案一样，但是只要稍下功夫，计算的算式可是完全不一样的。

有人认为“数学是让事情复杂化”，但其实不对！应该是“数学在让事情尽可能地变简单”。

11

计算并列的三角形的周长

计算了各种各样的周长，是有点不容易。我们再来思考类似变成正三角形这样的题目（27 页）吧。

问题　求图中 3 个正三角形的周长的和。

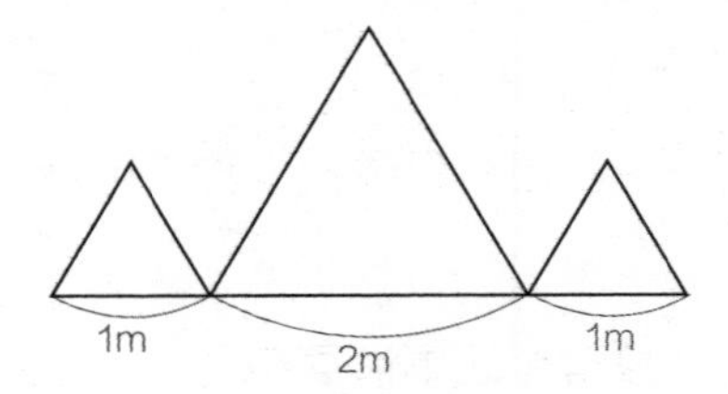

这道题的话，只要将每个正三角形的周长加起来就可以简单计算出来了。但是，如下图那样，要是知道还有将其变成一个大的正三角形的计算方法的话，就会更方便。

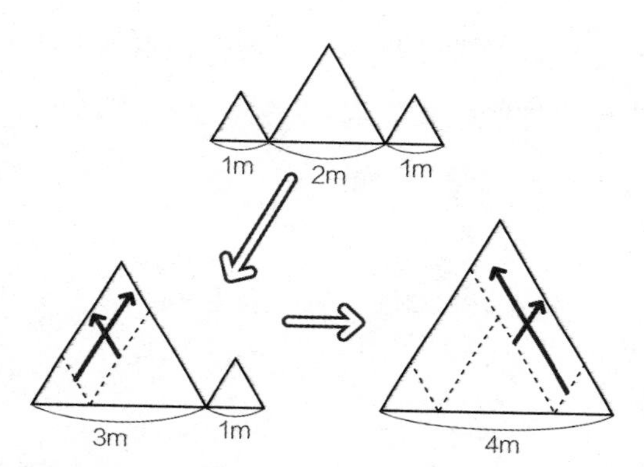

这样，因为变成了一条边长为 4m 的正三角形，那就可以得到周长为 12m。

这是使用了“平行四边形（对边平行的四边形）对边相等”的原理。实际用下面的平行四边形①试试看，将①旋转 180°成③，将 $A \to C$、$D \to B$、$C \to A$、$B \to D$ 重合起来，就正好重叠啦。

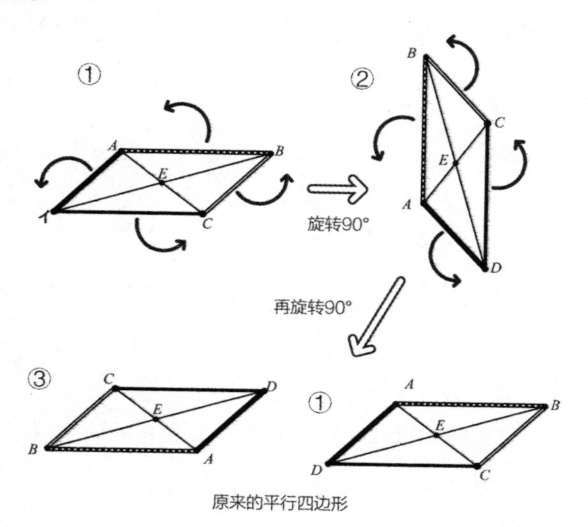

平行四边形的这个性质通用在任何形状的平行四边形上。所以，三角形的也一样适用，即使不是正三角形也可以使用同样的计算方法。例如，下面的这道题。

问题 求下面 4 个等腰三角形的周长的和。

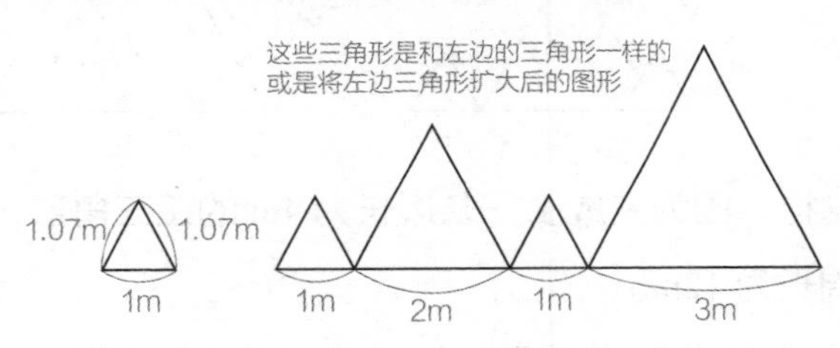

答案 这些图形周长的和即为底边长是 7m 的等腰三角形的周长（见下图）。因为其他两条边的长度是 $7\times1.07=7.49$(m), 所以周长为 $7+7.49\times2=21.98$(m)。

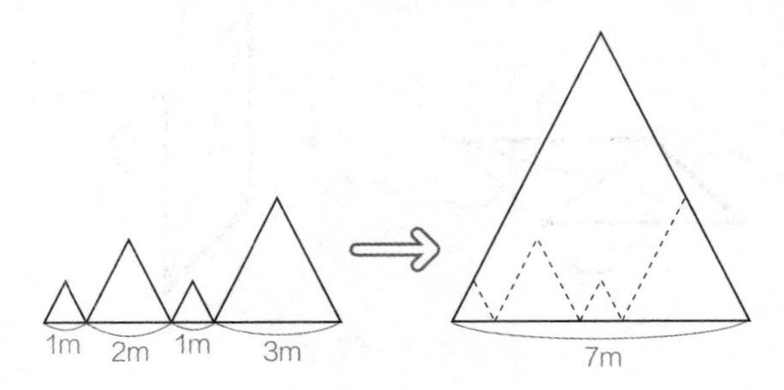

这样就算出了问题要求的 4 个等腰三角形的周长的和了。这个方法还可以应用到其他意想不到的问题上哦。

12 应用在计算圆的周长上

在前一部分，我们计算的是特殊长度的等腰三角形。直觉感知能力强的人，对于这个长度立刻就能有答案吧？

是的！底边长为 1m 时，这个三角形的周长为 3.14m，因为这就是直径为 1m 的圆的周长。

将底边长扩大到 3m，其他的两条边也扩大 3 倍，也就是 1.07×3（m）。这个时候，求三角形的周长就可以列出下面的算式。

$1\times3+1.07\times3+1.07\times3=(1+1.07+1.07)\times3=3.14\times3$（m）

那么，前一页的问题的周长也可以像下面这样列式啦。

$(1+1.07+1.07)\times7=3.14\times7=21.98$（m）

再来看看下一页的图吧。

※题中没有写明长度的单位，假设所有的都是m（米）。

三角形是下面这个三角形或是将其扩大后的图形

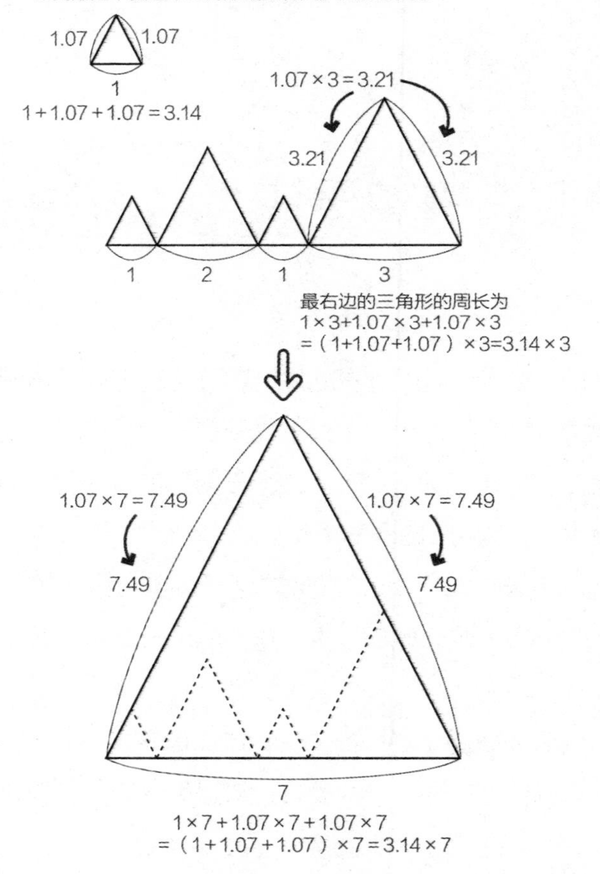

因为上述三角形中，每个三角形的周长都等于以其底边长为直径的圆的周长，所以求上述所有三角形的周长就可以通过计算圆的周长得到。也就是，“求上述三角形周长的计算问题”就和下面这道问题一样，答案就是求大圆的周长（**21.98m**）。

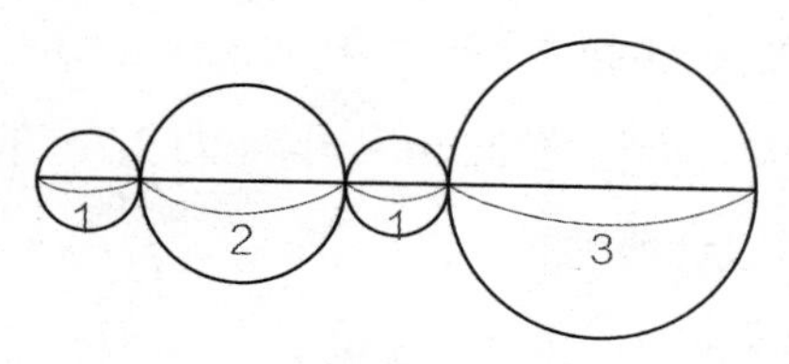

这些圆的周长的和为

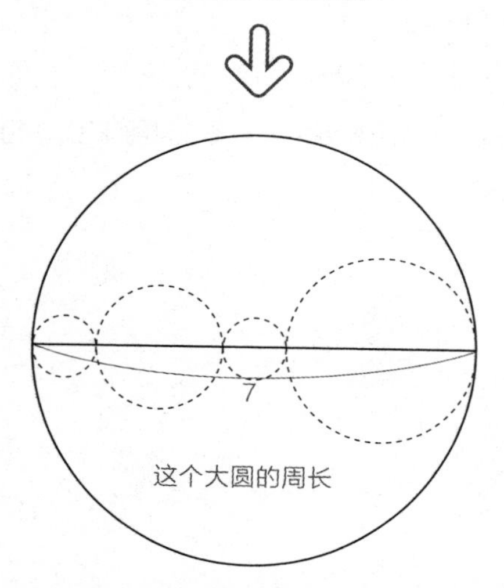

这个大圆的周长

这个计算是图形的计算，但其中已经多次使用了被叫作乘法分配律的运算定律。

所谓乘法分配律，在计算

$1\times7+1.07\times7+1.07\times7$

$=(1+1.07+1.07)\times7$

的时候就使用到了。

这个就是，计算“都与 7 相乘，再相加”的算式，可以变式为“相加后再与 7 相乘”的运算法则。

在计算若干个圆的周长相加时，最后再乘 3.14 的话，计算起来更轻松。例如，求“半径为 2.3m 和半径为 2.7m 的两个圆的周长的和”时，可以计算为

$2.3\times2\times3.14+2.7\times2\times3.14$

$=(2.3+2.7)\times2\times3.14$

$=10\times3.14=31.4$（m）

我们就可以知道图形的法则和运算的法则是相辅相成的。

求逐渐变短的线的总长

这部分是本章内容的一个收尾升级。

下面的三角形 ABC 和大家都在使用的三角尺的其中一个具有相同的形状，是正三角形的一半。假设这条斜边长为 10m。

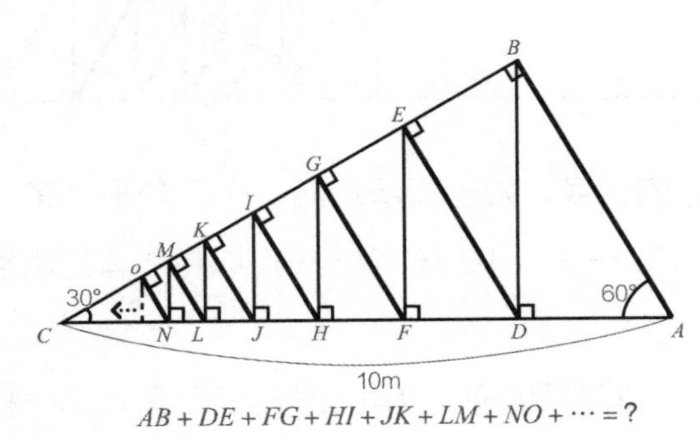

$AB + DE + FG + HI + JK + LM + NO + \cdots = ?$

从这个三角形的直角的顶点 B 如图画一条线段 BD。这时，让 BD 与 AC 垂直。

然后，再画一条线段 DE，让 DE 与 BC 垂直。再从 E 画

一条 *EF*……以此类推，虽然在图上只画到了 *NO*，但我们可以锯齿状般地一直不断地画下去。

这时，就来计算粗线的总长吧。

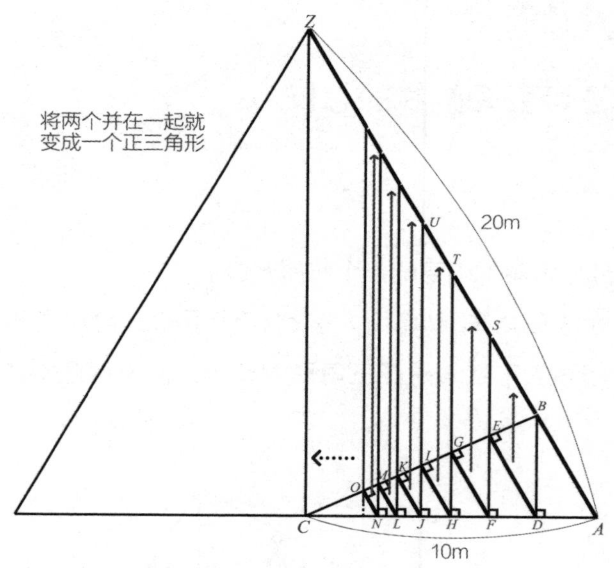

计算它的长度，如上图所示画一个三角形 *AZC*，再如图 $DE \rightarrow BS$、$FG \rightarrow ST$、$HI \rightarrow TU$……可以将所有的粗线平移到边 *AZ* 上。

三角形 *AZC* 就和 30° 直角三角形的三角尺是一样的。拿出两个这样的三角形，如图合在一起，就组成一个正三角形。

因此，*AZ* 的长度是 *AC* 长度的 2 倍，为 20m。这个 20m 便是粗线的总长。

这个问题在大学入学考试时也出现过。其实通过拼图的方式就能解答出来。

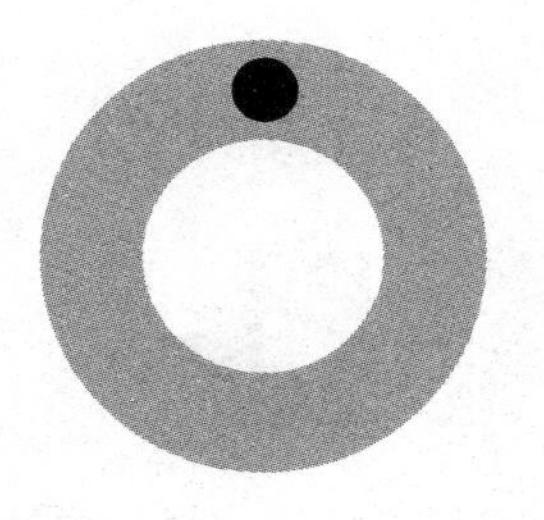

第3章

通过厕所用纸
学习图形的性质

14

计算捆厕所用纸的绳子的长度

我经常把厕所用纸用在题目中。编辑中有人会觉得这也太庸俗了，而让我改成“卷纸”。但是，英国贵族院议员、获得过诺贝尔文学奖的数学家伯特兰·罗素说过：“正因为是与厕所相关的话题，才应该不断地进行下去”。

姑且不提这些，我们先来思考一下下面这道题。

问题 把 4 卷稍小一点儿的半径为 5cm 的厕所用纸用绳子如下面的图 1 所示给捆起来，请计算绳子（图中的粗线）的长度。

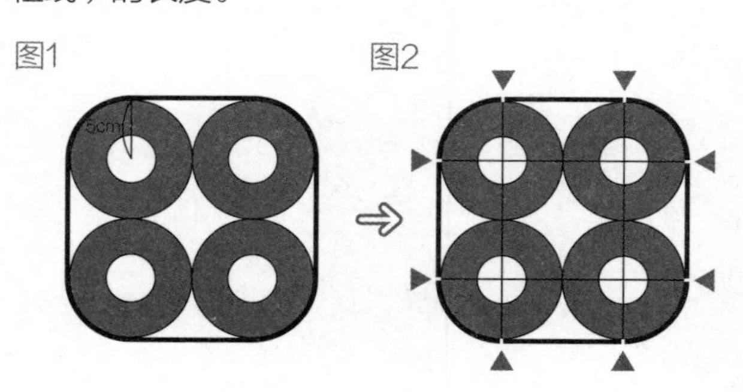

看到图 2 后，立马就能得出答案吧。

因为彼此紧挨在一起，所以每条直线部分的长度就是半径 + 半径。4 条直线共 10×4=40（cm）。

另外，绳子的每个曲线部分是圆的一部分（这叫作圆弧），相当于 $\frac{1}{4}$ 的圆弧的长度。所以 4 段曲线就相当于一个圆的周长。这个直径为 10cm 的圆的周长就是 3.14×10=31.4（cm）。

所以绳子的长为 40+31.4=71.4（cm）。

那么，像下面图 3 那样，捆成 2 个正三角形紧贴在一起的形状的话，又会怎样呢？

这次的这道题，直线部分还是一样的 10×4=40（cm），但是曲线部分却不规则，看上去就费事儿。

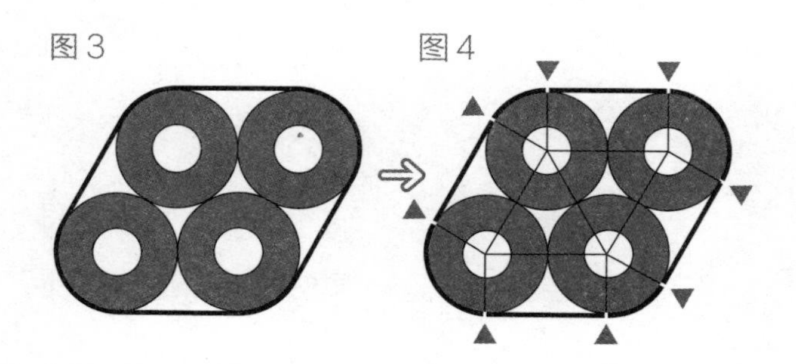

但是，请关注一下这些厕所用纸的中间的图形，是紧贴在一起的正三角形（图 4）。那么，我们就可以知道每个曲线部分的圆弧的中心角为 60° 或 120° 。也就是有 2 个 $\frac{1}{6}$ 的圆和

2 个 $\frac{1}{3}$ 的圆，所以曲线部分合在一起还是一整个圆的周长。

因此，这道题跟之前的那道题一样，答案为

$10 \times 4+3.14 \times 10=71.4$（cm）。

那么，是不是只要是 4 卷半径为 5cm 的厕所用纸，无论什么时候都是 71.4cm 呢？即使不是那样，那么是不是无论以什么形状把 4 卷厕所用纸捆在一起，结果都是 71.4cm 呢？请在进入下一部分前稍微思考一下吧。

15 比较不同的捆法看看

在前一部分我们知道了用绳子把半径 5cm 的厕所用纸（因为太长了，以下简称“厕纸”）捆起来时，下图 1 和下图 2 的绳子长度是一样的。

或许有人会想：“但是，难道不是因为这两个是特殊的形状吗？”确实，看看厕纸摆放的方法，图 1 是正方形，图 2 是 2 个紧贴着的正三角形。

那么，请再仔细观察一下下面的图 3。

图3

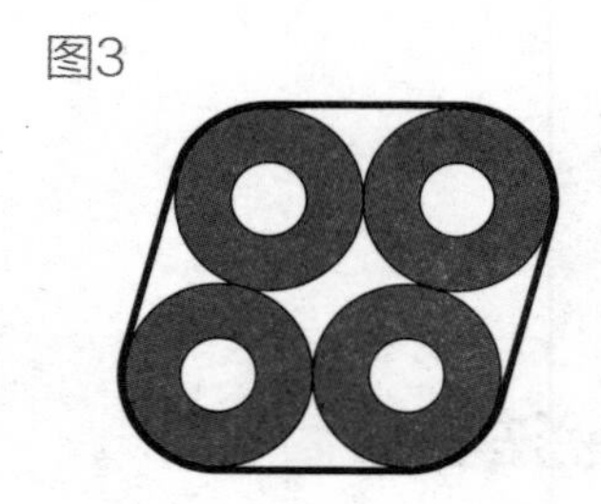

图 3 的厕纸的摆放方法，不是什么特殊的图形了。

试着算算这根绳子的长度吧。这次，也不太清楚曲线部分的长度，所以试着像下面的图 4 一样移动一下看看吧。

将曲线部分合在一起，圆周的长度还是 31.4（cm）。另外，直线部分有 4 条，这个也是 10×4=40（cm）。

因此，绳子的长度还是 40+31.4=71.4（cm）。

图4

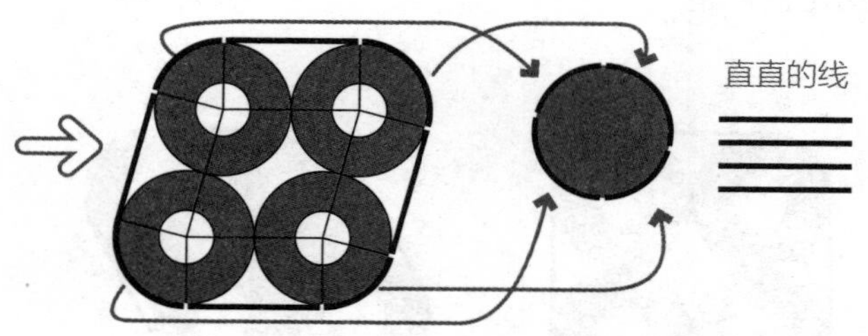

那么，是不是所有的绳子的长度都是 71.4cm 呢？

这次，我们再像下一页那样把捆法弄得更不规则一些来思考一下。这样，能看出曲线部分还是圆的周长，是一样的。但是，这次，我们知道 2 条直线部分比 10cm 要长。

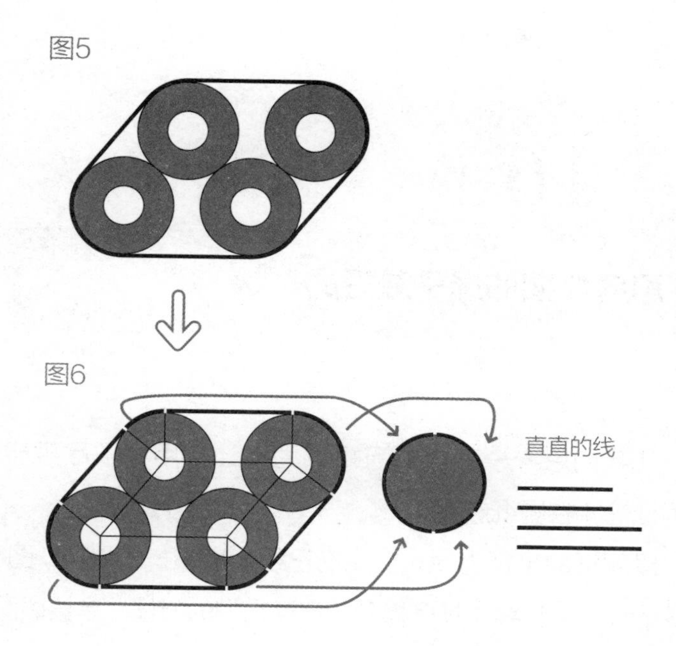

所以，就和“无论什么时候绳子长都是 71.4cm”的预想不符了。

这样，就又产生了新的问题。

“厕纸以怎样的捆法，才能使它的长度为 71.4cm（4 卷厕纸捆在一起最短的长度）呢？”

要说培养数学思维，最好的方法就是从身边的东西去发现问题。

16

思考让捆的绳子最短的形状

让我们思考一下这个问题:“为了让所用绳子尽可能短，如何捆这 4 卷厕纸好呢？”

以厕纸的半径为 5cm，我们已经知道下一页图 1、图 2、图 3 的绳子（粗线）长度相同。计算它们的时候，是按照图 4、图 5、图 6 的样子分成了直线部分和曲线部分。

直线部分的长度加起来和以 4 卷厕纸的中心为顶点的四角形的周长一样。无论哪个四角形，4 条边长都一样（10cm）。这样的四角形叫作什么呢?

叫作菱形吧。或者，正方形也是这样的四角形。也就是以用绳最短的捆法进行捆绑时，以 4 卷厕纸的中心为顶点的四角形是菱形或者正方形。

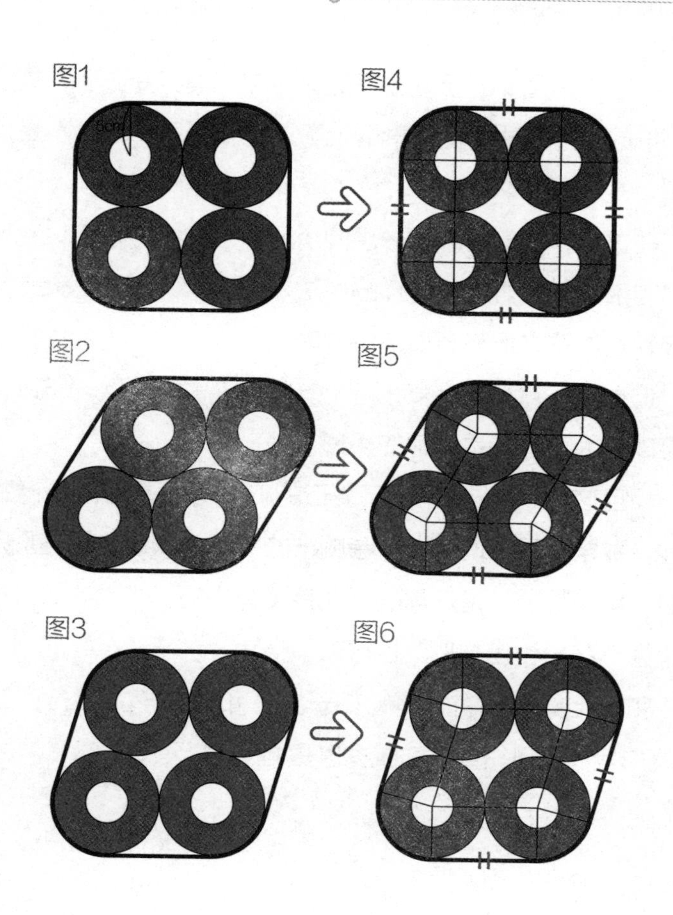

为了进一步学习，我们再来看看用到更长的绳子的捆法。

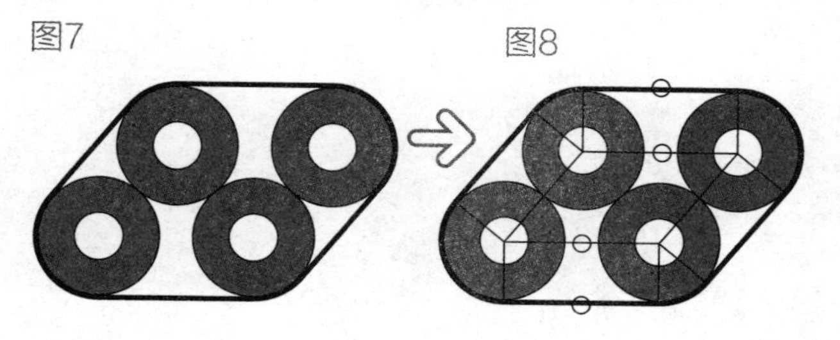

如图 7 和图 8 所示，上下的直线部分确实变长了，相应的以厕纸的中心连成的四角形的上下边也变长了。这就不是菱形了吧。

在这儿，我们再来想一想四角形这个名字。刚刚，我们用了“菱形或者正方形”这样的说法。在小学的时候，大家几乎都被教过说正方形和菱形是不同的吧。

但是，正方形具有菱形（4 条边相等）的性质，所以我们也可以认为正方形是特殊的菱形。

而且这个时候，只是用了菱形的“4 条边长相等”这个性质。因此，数学家回答说“以 4 卷厕纸的中心为顶点的四角形是菱形时，绳子最短”是正常的，也是没有错的。当然，更准确的答案为“菱形和正方形”也可以。

和这相似的还有很多，如长方形和正方形，平行四边形和菱形等。图形的命名方法也真是意味深长呀。

17

思考 5 卷厕纸的捆法

在前一部分，我们思考了“捆 4 卷半径为 5cm 的厕纸时，用绳最短的方法”。也就是，使连接厕纸中心的线成为菱形的时候，用绳最短。

那么，增加厕纸的数量又会怎样呢？

首先，还用这半径为 5cm 的厕纸，思考一下有 5 卷的情况。先试着将其捆绑成比较规则的图形，如下一页的图 1 那样。这是用绳最短的捆法。

这个也可以跟之前的方法一样进行分解，如下一页的图 2 将其分解为直线部分和曲线部分。直线部分是 5 条 10cm 的直线，也就是 50cm。曲线部分的每一部分是圆周的 $\frac{1}{5}$，所以 5 段曲线就相当于一整个圆的周长，也就是 31.4cm。直线部分加上曲线部分一共是 81.4cm。

图1

图2

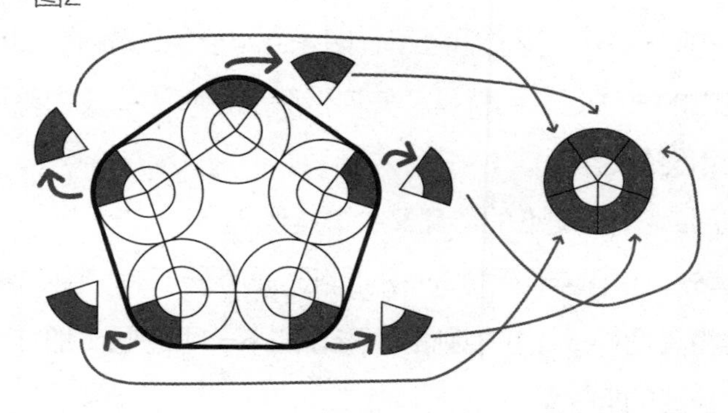

5 卷厕纸的时候，还有其他用绳最短的捆法吗？其实，还有很多很多的。例如，捆成下一页的图 3 的形状。

图3

图4

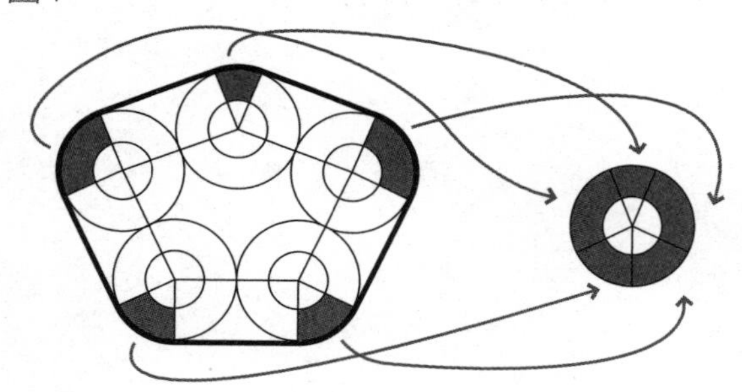

这个也是，如图 4，可以分解为 5 条长 10cm 的直线和 1 个圆。所以一样也是 81.4cm。

所以，只要沿着绳子依次将 5 卷厕纸紧挨着摆放，就会得到相同的结果。直线部分为 10cm，曲线部分合为一整个圆的周长，加在一起为 81.4cm。

这样就可以说即使增加厕纸的数量（我们只考虑与绳子紧挨着的厕纸），也是同样道理。例如，与绳子紧挨着的厕纸有 7 卷，7 卷厕纸也是按顺序依次紧邻在一起，如图 5 所示。

图5

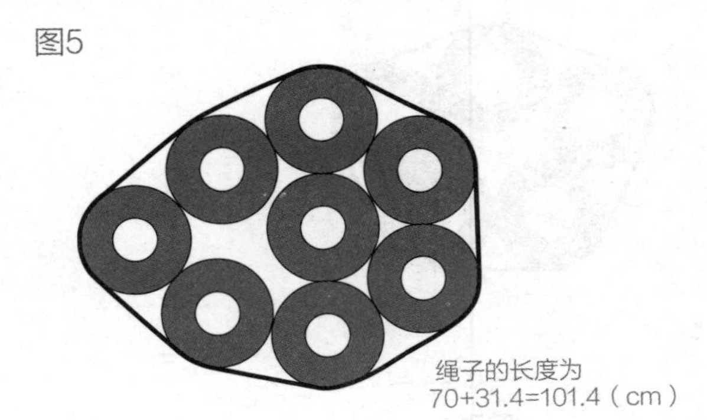

18 使用铅笔计算曲线部分的长度

计算捆绑若干卷厕纸的绳子长度时，我们将其分解为直线部分和曲线部分来考虑。曲线部分合在一起相当于一个圆的周长。于是，5 卷半径为 5cm 的厕纸的曲线部分计算为 $10 \times 3.14=31.4$（cm），这个再加上直线部分就是 81.4cm 了。

图1

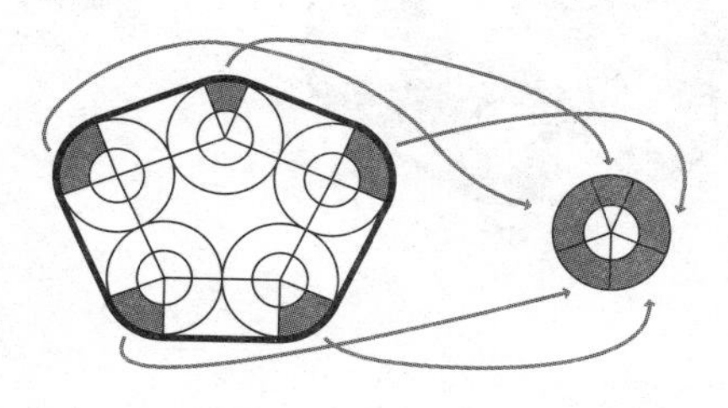

但是，厕纸的数量越多，形状就会越不牢固，会让人有些担心吧。担心说“会不会比一个圆的周长短一点儿或是长一点儿呢？”

增加厕纸数量会怎样呢？如图 2 所示，与绳子紧挨着的厕纸有 7 卷，每卷厕纸按顺序依次紧邻在一起，试着计算一下曲线部分。

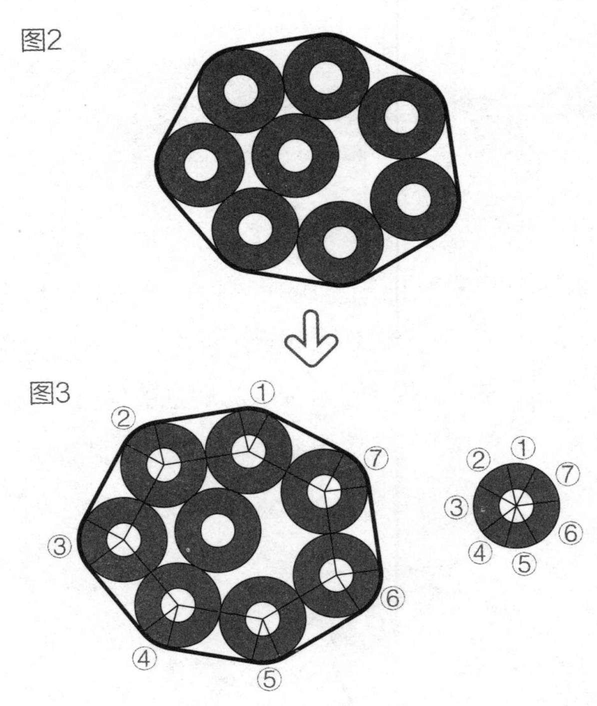

这种情况下，把曲线部分聚集在一起，就形成一个整圆。但是，很多个相当小的圆弧聚集在一起，就不容易看明白吧。

所以，我提议用“铅笔旋转法”。

这个想法非常简单。我们把图 2 的绳子部分当成小精灵村的铁路线，让电车沿着线路转圈跑。假设在电车中朝着行进

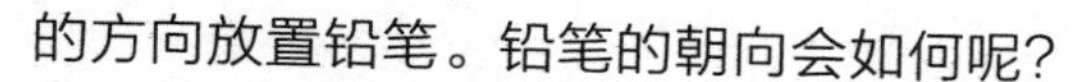

的方向放置铅笔。铅笔的朝向会如何呢？

图 4

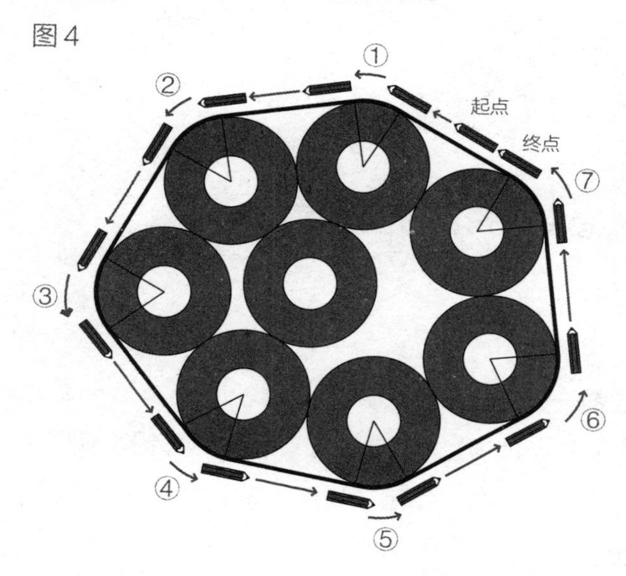

如前一页的图 4 所示，铅笔从“起点”开始，在①～⑦的曲线部分改变方向，当再返回到“终点”的时候，铅笔又变成了相同的朝向。也就意味着铅笔旋转了 1 圈。

这样，就能知道将曲线部分合起来，就正好是一整个圆的周长了。

那么，在接下来的第 4 章就来详细的讲解“铅笔旋转法”。

19

思考多边形的外圈的角度

在前一部分，为了证明“把曲线部分聚集在一起，就形成一个整圆”，就通过沿着绳子旋转铅笔，即铅笔旋转了一周而得以证明。接下来，按照下一页的图 1，将每个卷筒的中心给连起来，就成为一个七边形。

然后，将图 1 的①扩大到图 2 来看看。将图 1 的铅笔，在七边形的边界上进行移动。

因为铅笔的朝向与边是一致的，所以铅笔在①处转动的角度恰好是这个顶点处的外角（参考下图）。

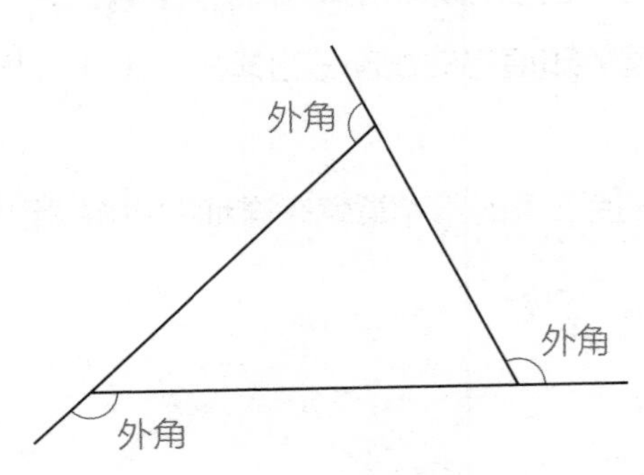

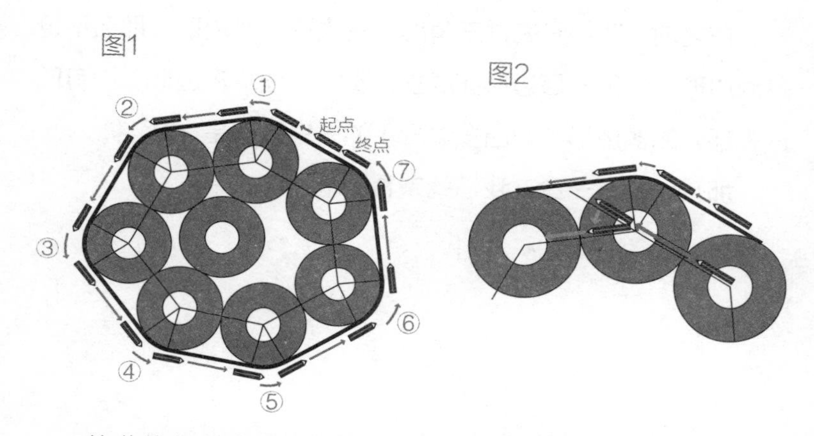

将曲线部分全部进行这样的处理，就会得到图 3。

也就是，绳子曲线部分的旋转角度加在一起为 360°，即为七边形的每个顶点的外角加起来。

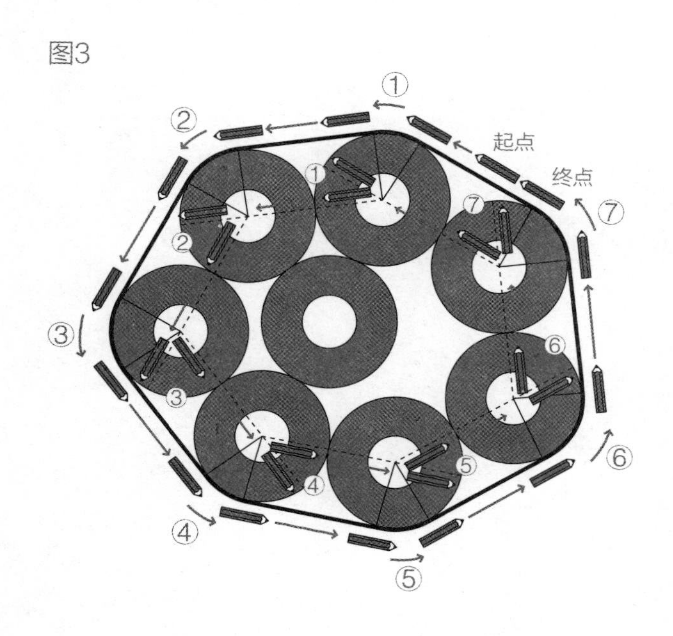

在之前，我们研究过三角形、五边形、七边形，那么不管是六边形，还是一百边形都成立。看来，任意多边形（没有凹进去部分的多边形，叫凸多边形）的外角和都是 360°。

那么，在下一章，我们就来看看吧。

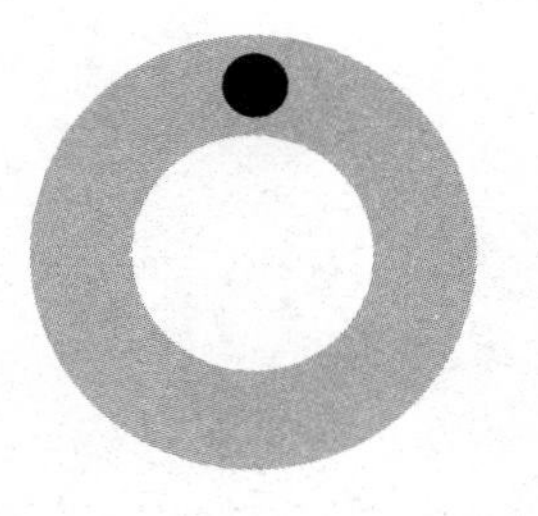

第4章

通过“铅笔旋转法”看清角度的本质

20

通过铅笔旋转来看“旋转的量”

在第 3 章，为了证明绳子“曲线部分”的长度为一整个圆的周长，通过旋转铅笔一周而得以证明。这个“铅笔旋转一周”同样也可以用来分析多边形的外角和。

要分析“旋转的量”，用铅笔的旋转来计算角度的方法（铅笔旋转法）是最合适的。我们具体看看吧。

首先，确定转动的方向。在数学上，以逆时针的旋转方向为标准。那么，与标准相反旋转时即为负（减法）。

所以，按照标准方向旋转 1 周时，即为 360°（下一页图 1）。旋转它的一半，半周为 180°（下一页图 2），再旋转它的一半，即为 90°。像这样，所有的角度都可以通过旋转的量来表示。（实际上，问题中几乎不会出现带零头的角度。）

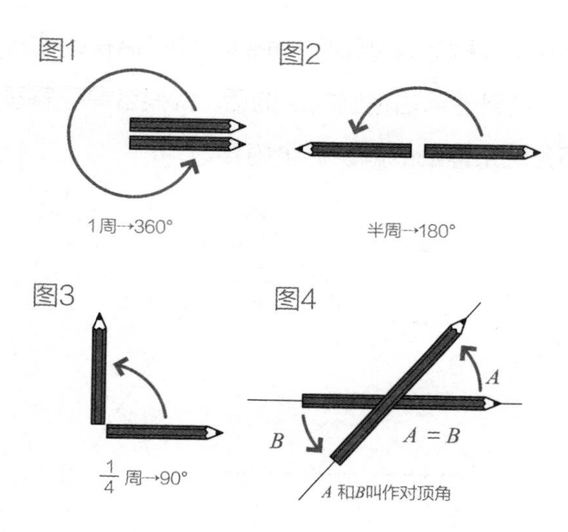

另外，这个方法，关键是铅笔的旋转量，所以平行移动是可以的（和电车中的铅笔一样）。

用铅笔来进行思考，立马就能弄懂重要的性质。

两条直线相交形成的角，如图 4 的角 A 和角 B 这样相对的角叫作对顶角。对顶角 A 和 B 是相同的度数。

因为我们知道拿着铅笔的中间，尖端旋转 A 的量，尾端也跟着旋转 B 的量，旋转的量是一样的。

所以，某个角很难测量的时候，我们可以测量它的对顶角。

例如，我们来分析一下下一页图 5 的三角形，三个角的和 $A+B+C$ 为 180° 。（$A+B+C$ 的标记方式和平时不一样，这是过后移动时的顺序。）

一般数学教材上都是如图 6 那样，切开后排列成一条直线。

但是，如果使用铅笔旋转法的话，就很容易理解了。那么，在下一部分就来详细的解说这个内容。

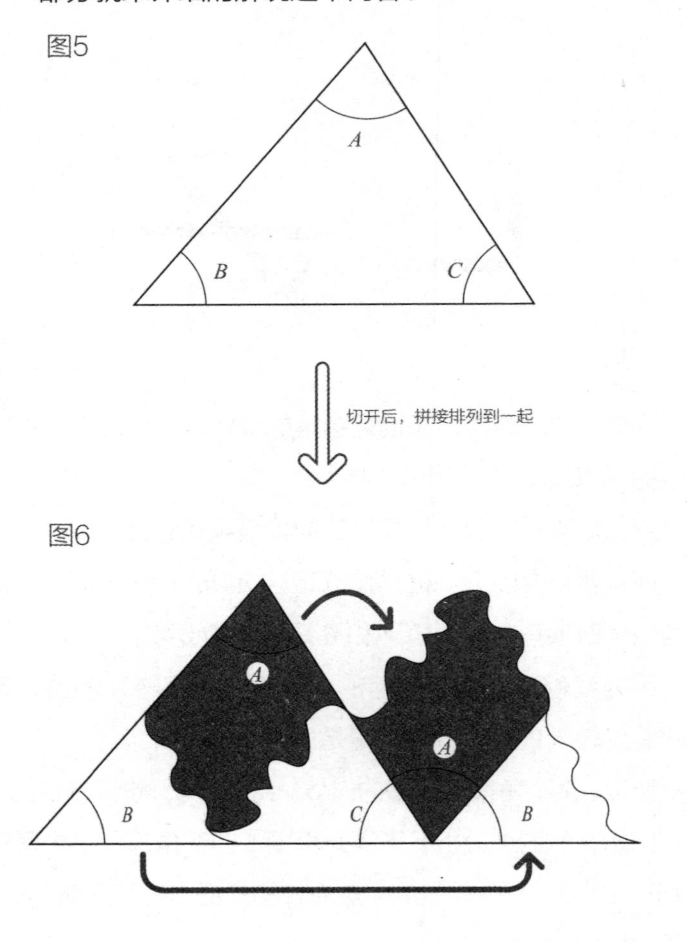

21

用铅笔旋转法计算三角形的角度

在前一部分介绍了，如下一页图 1 这样的三角形的三个角 A、B、C 和为 180°，并通过“切开后，排列成一条直线”的方法进行解释。

除此之外，还有如下一页图 2 这样的方法，将三角形切开后折叠，再把角聚在一起。请你一定要参照下一页图 2 折一下试试。不要只满足于“知道了一个方法就行”，而要了解各种方法，这会对今后的学习有很大的帮助。（铅笔旋转法与高中要学习的“矢量”有关，折纸的方法也将在中学学习“全等”时得以运用）

目前提到的两种方法我也很喜欢，但是无论哪个，都需要有可以剪切的纸和剪刀。而且，为了将这种方法记在笔记本上，没有胶水还是不行的。

与此相比，铅笔旋转法的话，就不需要特别准备什么。只需要在笔记本上画几个三角形，用铅笔旋转一下就行。能够对很多的三角形进行确认也是这个方法厉害的地方。因为只有通过多尝试，才能有自信说“无论什么时候都能成立”。

那么，试着把图 1 的三角形的角度加在一起。

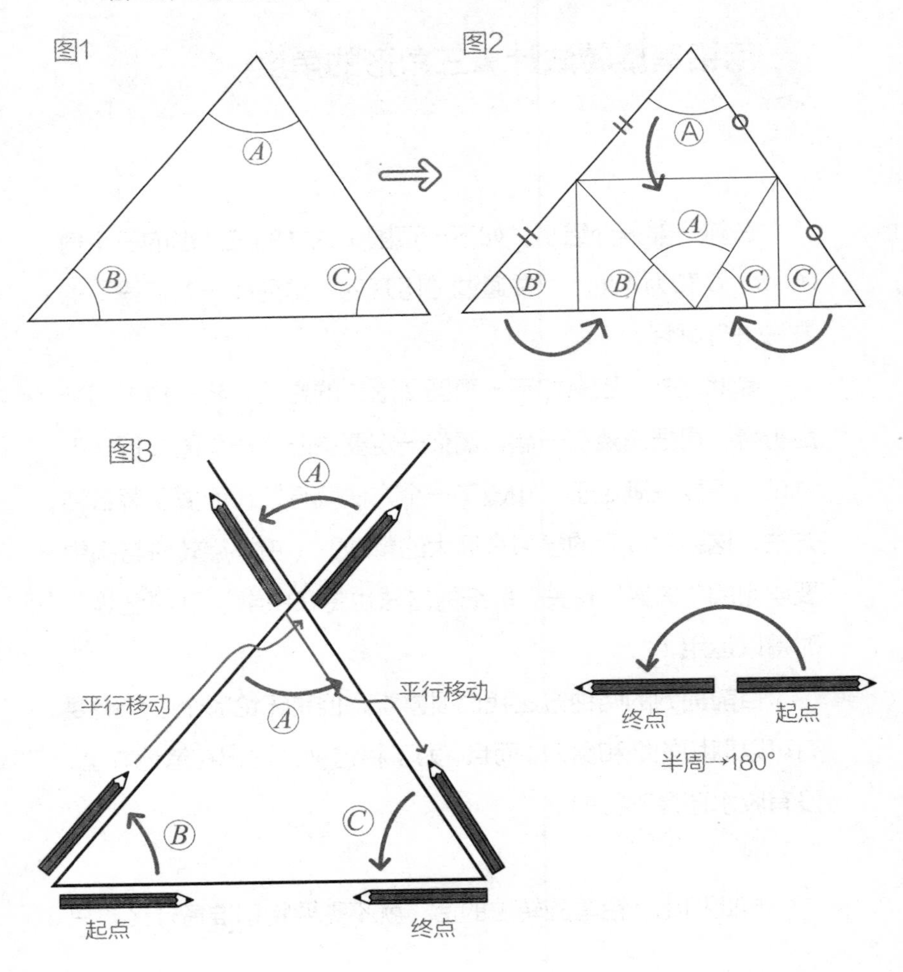

如上一页图 3 这样，先旋转 B 的角度。将旋转的铅笔平行移动到 A 的位置，旋转 A 的对顶角。再将其平行移动到 C 的位置，旋转 C 的角度。

来看一下旋转后铅笔最后的位置，和旋转前在同一条边上，只是方向相反了。也就是说，旋转了三个角的量就是旋转了半周。

这就证明了 $A + B + C = 180°$ 。

22

计算星形角度之和

在前一部分，通过“铅笔旋转法”计算了三角形的角度和。那么，再复杂一点儿的图形会怎么样呢？

其实，越是复杂的图形，越能体现“铅笔旋转法”的神奇之处。首先，我们先试着计算星形的角度吧。

图 1 为有 5 个尖尖顶点的星形。将这些顶点的角 A~E 加在一起是多少呢？（A~E 的顺序有些奇怪，但是，请别在意！）

图1

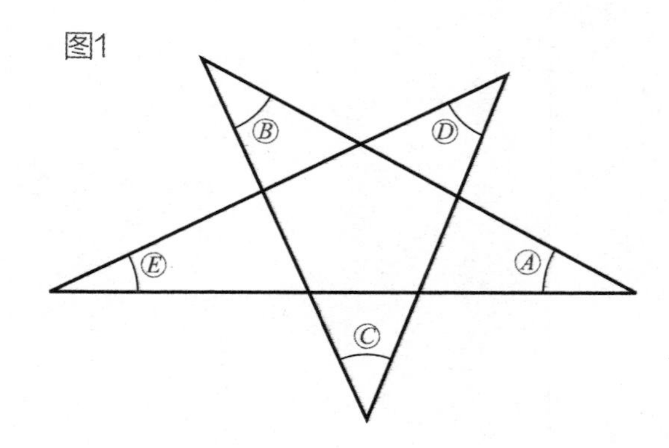

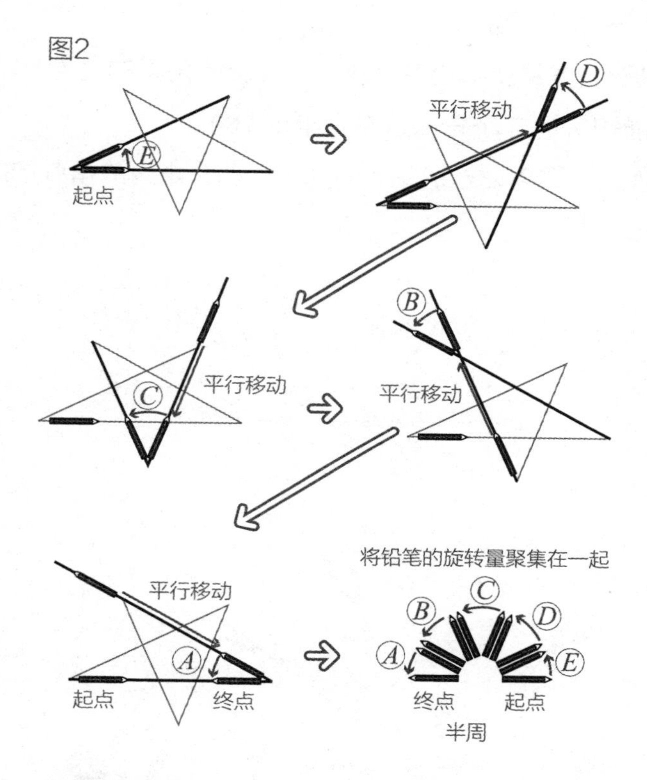

如图 2，将铅笔从 E 开始旋转，旋转到 D、C、B、A。只是，在 D、B 处，旋转 D 和 B 的对顶角会更容易理解。然后，把铅笔旋转的量聚集起来，很容易就知道是一共旋转了半周。这样就可以知道五角星的角加起来是 180°。

其实，只是五角星的话，就算是用一般的方法也可以计算出来。可要去计算七角星、九角星……的话，感觉起来就会很麻烦。但是，要是使用“铅笔旋转法”的话，几乎和计算五角星时候一样的容易。

图 3，就是使用铅笔旋转法来计算七角星的度数问题。我们能知道把 7 个角加起来是半周 180° 。

那么，请再试着把图 4 的九角星的 9 个角的角度加起来看看。

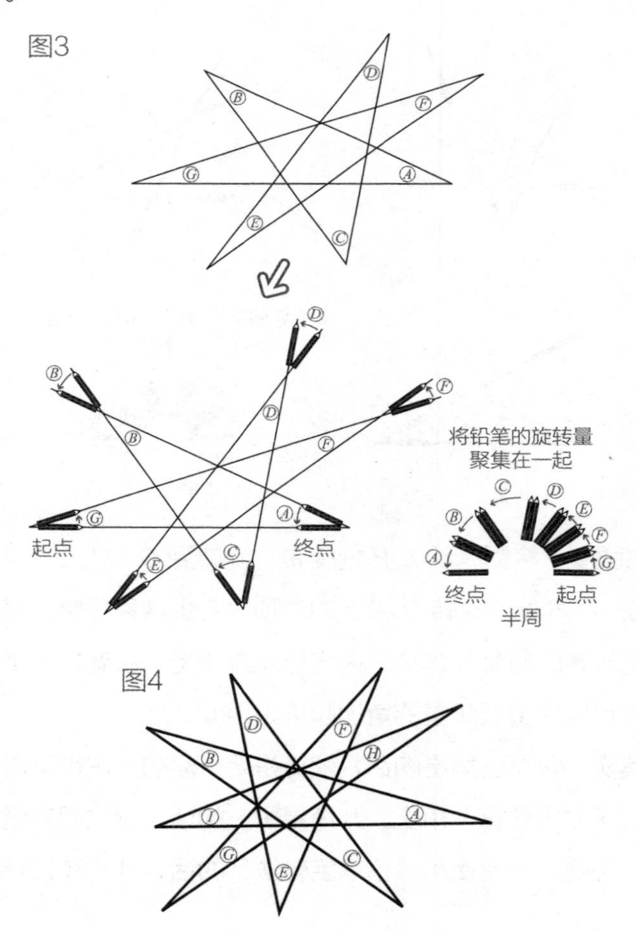

23

计算不是锐角的星形角度之和

在前一部分，画了五角星、七角星、九角星，我们用“铅笔旋转法”证明了所有顶点的角加起来是 180°。

那么，是不是所有的星形多边形都是 180° 呢？

最先计算的五角星是无论什么情况都是 180°。但是，再来分析一下如下图 1 的七角星。

试着加一下这个七角星的 7 个角的度数，结果会如何呢？这个加法也可以如图用铅笔旋转法进行计算。

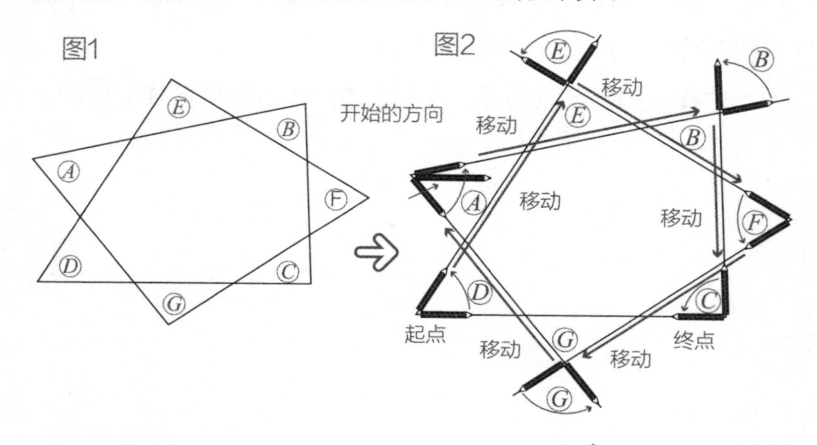

果然，在终点处铅笔的朝向与开始时正好相反。但是，不是 180° 吧。

那么，看一下下一页图 3 的铅笔的移动轨迹。分成两部分来分析，我们知道在马上旋转完 A 时，已经和开始时的方向相同了。然后，再旋转 B、C，又变成了相反的方向了。也就是说，我们可以知道这个过程旋转了 1 周半。

所以，这个七角星的度数和为

360° +180° =540°

与我们设想的“总是 180° ”不符。

其实，在前一部分出现的星形多边形都是“锐角星形多边形”。

图 3 是为了解说才这么画的，实际计算的时候，没必要这么麻烦。只需要旋转铅笔，移动，旋转，移动……就可以了。但是，像这样，将角度加在一起，有可能超过 360° （1 周）。所以，最好先在图上画出“开始旋转的方向”，然后一边注意看铅笔旋转了几周，一边旋转铅笔。

这样我们就可以知道，星形多边形也有各种各样的形状。

图3

铅笔的移动轨迹$A \sim D$

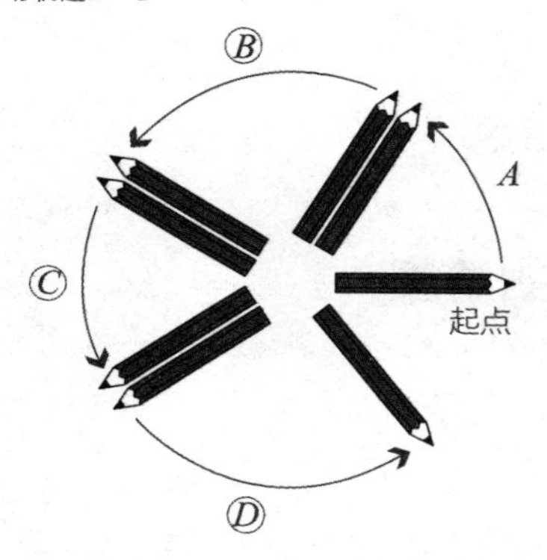

铅笔的移动轨迹$E \sim G$

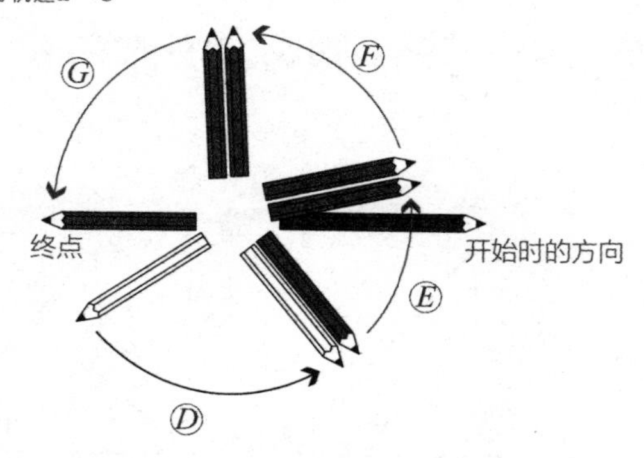

24

计算锯齿形的角度

在 68 页说过“越是复杂的图形，越能体现‘铅笔旋转法’的神奇之处”。下图 1 就是复杂图形的一个代表。

试着计算一下这个图的顶点 A 处的角度吧。

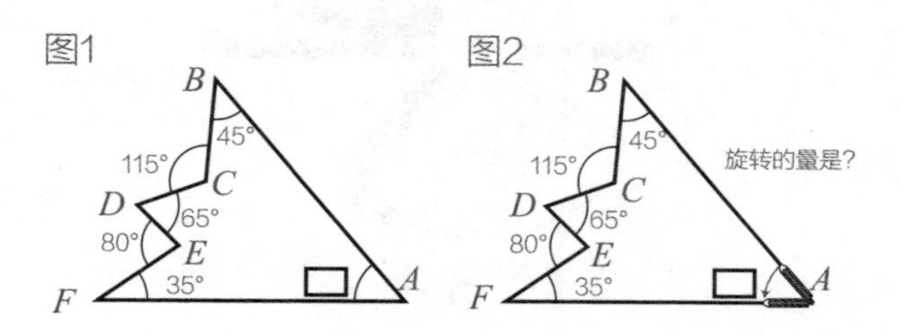

这个可以如图 2，只要测量一下铅笔旋转 A 的角度时，旋转的大小就可以了。

虽然不知道顶点 A 的角度，但是左侧锯齿状处的角度都是已知的。所以，可以利用这些数值。

请看下一页的图 3。首先，把 A 处的铅笔平行移动到 B 处。然后，往与 A 的反方向旋转 45°（图 3- ①）。

接着，把铅笔移动到 C 处，再往与 A 相同方向旋转 115°（图 3- ②）。再把铅笔移动到 D 处，往与 A 的反方向旋转 65°（图 3- ③）。

然后，把铅笔移动到 E 处，再往与 A 相同方向旋转 80°（图 3- ④）。最后把铅笔移动到 F 处，往与 A 的反方向旋转 35°（图 3- ⑤）。

铅笔最后的朝向与在顶点 A 处旋转完时的方向相同。也就是说，在左侧的锯齿状 $B \to C \to D \to E \to F$ 处旋转时转动的大小就和顶点 A 处的旋转的大小相同。

把与顶点 A 相同方向旋转的度数加上，再减去与其相反方向旋转的角度。

所以，可以计算为

$\square$ =115° +80° -（45° +65° +35°）=50°

这样，通过旋转铅笔，就可以很简单的计算出有锯齿的图形的角度。

图3

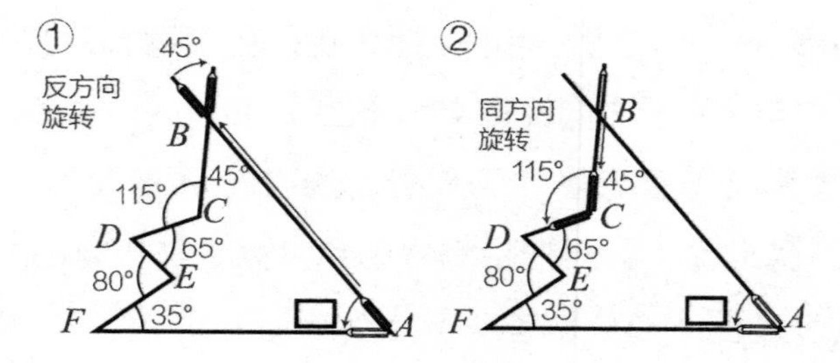
①
45°
反方向
旋转
B
45°
115°
C
D
65°
80°
E
F
35°
A
②
B
同方向
旋转
115°
45°
C
D
65°
80°
E
F
35°
A

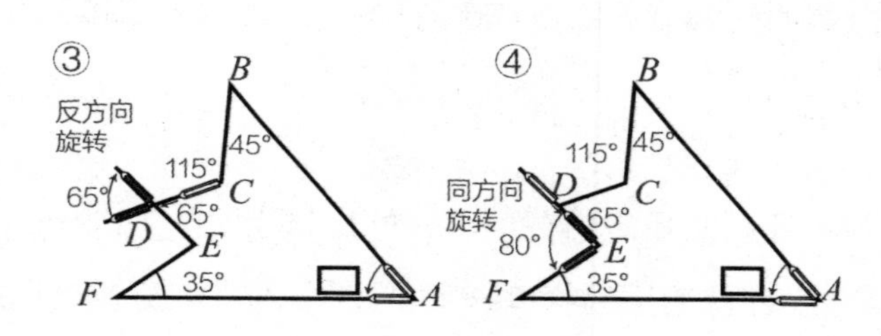
③
B
反方向
旋转
45°
115°
65°
C
65°
D
E
F
35°
A
④
B
115°
45°
同方向
旋转
D
C
65°
80°
E
F
35°
A

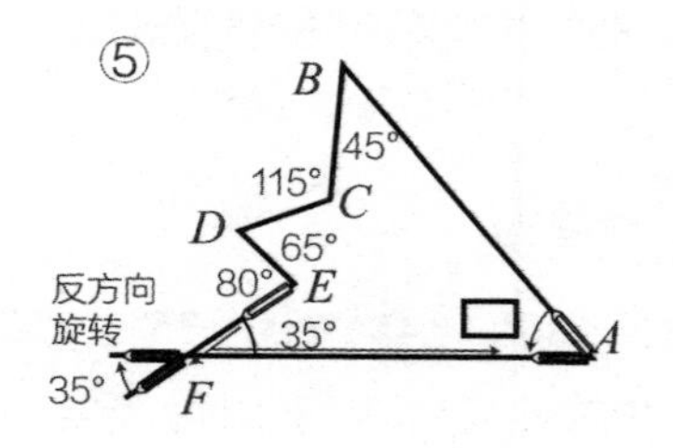
⑤
B
45°
115°
C
D
65°
80°
E
反方向
旋转
35°
A
35°
F

25 通过铅笔旋转法计算的优点

在最初提出“铅笔旋转法”时，用下面的方法解释了图 1 的问题。那就是“利用六边形的内角和为 720°”。

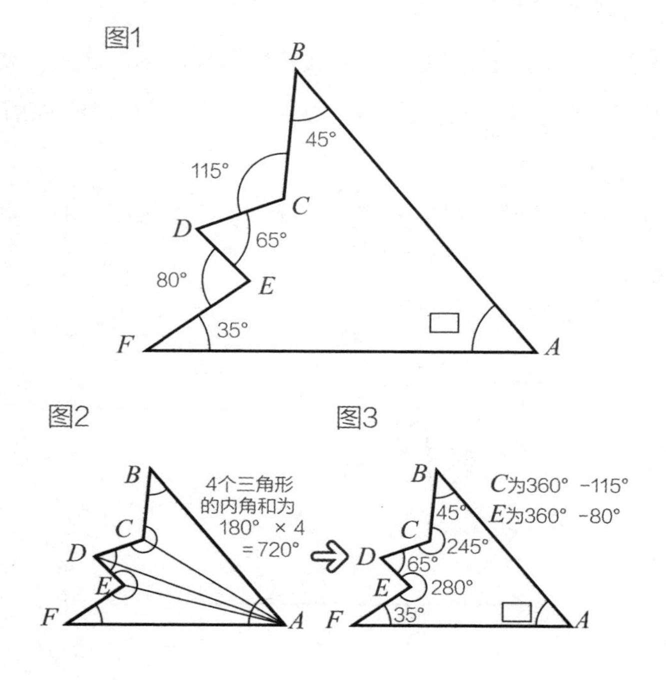

如图 2，将这个图形分割成 4 个三角形，折线内部的角（叫作内角），三角形的内角有 4 份。所以，全部内角加在一起为 720° 。A 角的计算如下。

720° -（45° +245° +65° +280° +35°）=720° -670° =50°

这样，就计算出□ =50° 。

这个计算与前一部分给出的“115° +80° -（45° +65° +35° ）=50° ”相比，明显用“铅笔旋转法”给出的计算轻松得多。3 位数多的计算总归不容易吧。

但是，还有比这个更重要的。那就是，“铅笔旋转法”更容易看出图形的性质。

例如，在这个图形上，用 1 次“铅笔旋转法”之后，我们就知道了，像图 1 这样的问题，只要“加上外角，减去内角就行”。

这个用在这种看起来更复杂、锯齿更多的下图 4 时，效果更明显。

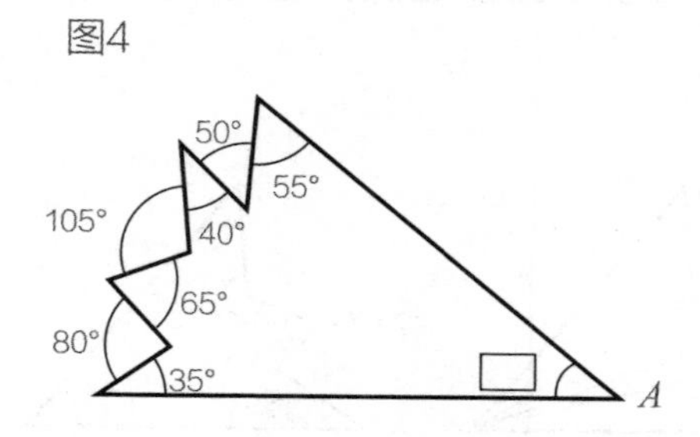

这个用

50° +105° +80° -（55° +40° +65° +35°）=40°

所以☐ =40°。

请参考图 5，一边旋转铅笔，一边再一次确认一下这个计算的妙处吧。

最后，虽然有点费事儿，让我们再用内角和的方法计算一下图 4 的角度试试。

图5

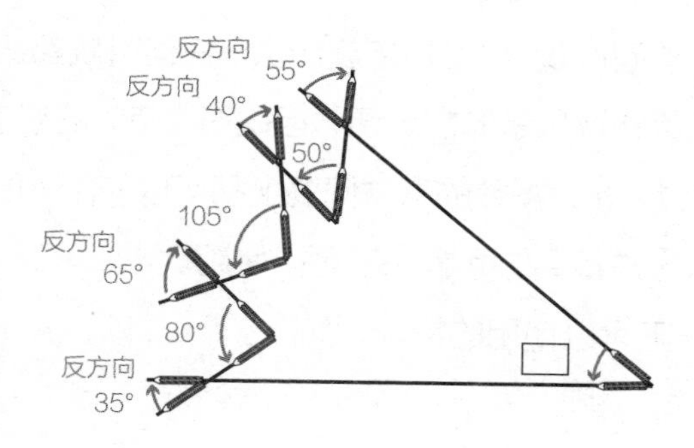

首先，先计算八边形的内角和，180° ×6=1080°。

接着，由 3 个外侧角度计算其内侧角度。分别为 310°、255°、280°。

这样用

1080° -（55° +310° +40° +255° +65° +280° +35°）=40°，得出☐ =40°。

有点费事儿吧。

26

计算平行线和折线的角度

有位爸爸问过我：“‘铅笔旋转法’任何时候都适用吗？”

“铅笔旋转法”是非常方便，但是很可惜，它也有不适用的时候。不过，在大多数的考试问题上都可以使用。也就是说，学校老师认为是重要的问题上都可以使用。

总结一下可以使用的情况，如下。

1. 多边形图形的角度

我们已经知道了“凸多边形的外角和为360°”“多边形或者星形的内角和的计算方法”。下一页的图1也是这样一个例子。这和前一部分的计算一样，□ +80°-（45°+65°+35°）=50°。

2. 如图2，两条平行线间折线成角的角度

关于这一点，我们到下一页再来分析。

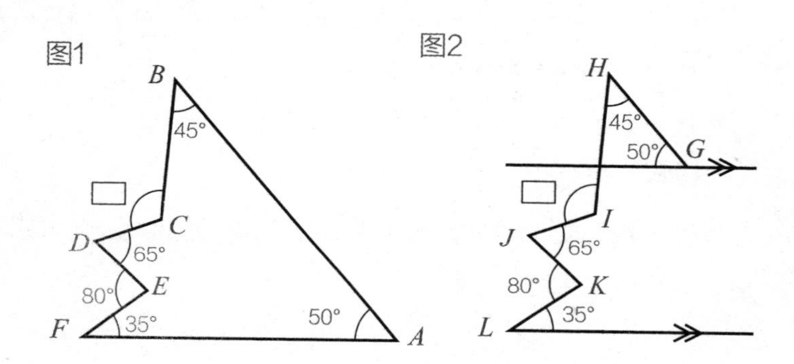

请仔细地观察图 1 和图 2。图 2 只是将图 1 的 AF 这条线水平上移了。再将图 2 的 HG 这条线如图 3 进行延长，就得到和图 1 相同的图形啦。所以，计算方法也应该相同。

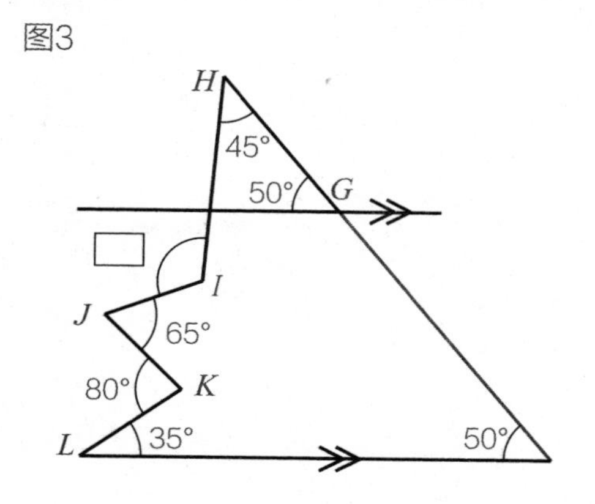

试着计算一下图 1 吧。

这和 79 页采用相同的方法，将铅笔转来转去，再计算为

$\square + 80^\circ - (45^\circ + 65^\circ + 35^\circ) = 50^\circ$

就可以啦。

这样，就得出答案 $\square = 115^\circ$ 。

图 1 和图 2 乍一看完全不同，所以看清它们是出自同一个知识点是非常重要的。

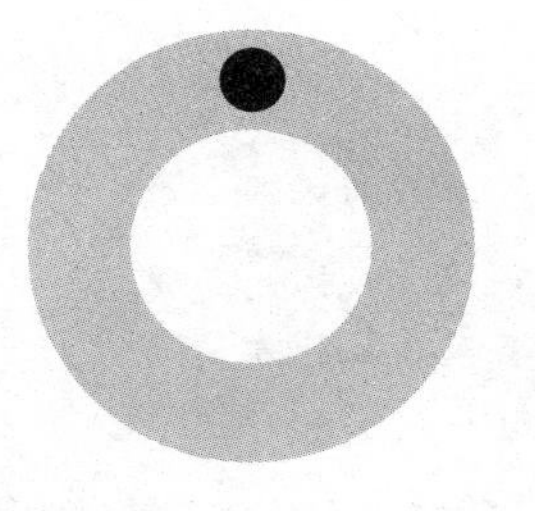

第5章

通过火柴棍拼图
思考图形和数的关系

27

用 3 根火柴棍拼图

从前，用火柴棍来拼图深受大家的喜爱、其中就包含了很多的数学要素。

我们现在来介绍一下其中的一种情况。用 3 根火柴棍尽可能多的来拼图吧。但是需要满足下面两个条件。

1. 所有的火柴棍需要头尾相连。如果手头没有火柴棍，也可以用牙签代替。火柴头和尾不做区分。

2. 不能折断火柴棍。

下面的图示是不可以的。

不可以的例子

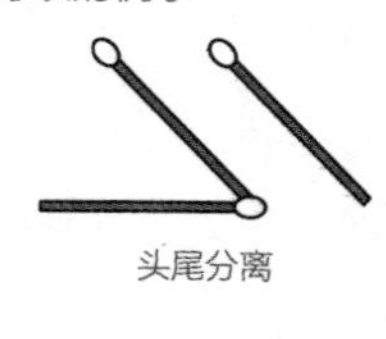

头尾分离

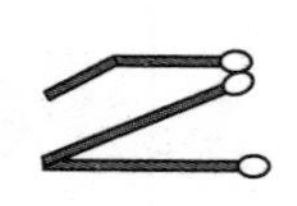

折断

头尾没有相连

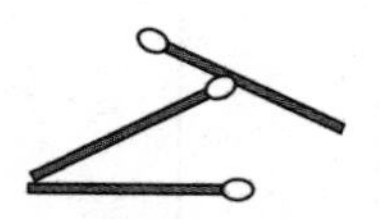

这个也没有相连

试试看，是不是可以拼出很多图形呢。在某个学校里，让同学们来拼图，得到了下面这样类似字母的图形。

3 根火柴棍可以拼成的图形不仅仅是这些吧。有人会说“既可以拼成一条直线，也可以拼成 T 这样字母”。确实是这样的。

但是，如果将 Y 字母上边两根火柴的角度稍微变换一下的话，就能够得到很多不一样的图形（稍微地一变化就能够得到很多的图形）。

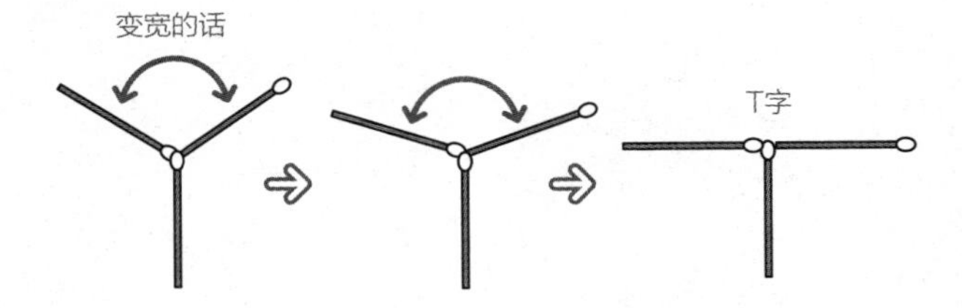

这样的话可不行，还是需要更加粗略地来进行图形的分类。我们将这种分类法叫作“用橡皮筋来做拼出的图”。用橡皮筋做的图形可以变宽角度，N 字形拉伸的话也可以成为一条直线，而且还能缩小。像这样拉伸、缩小、扩宽而产生的重复的图形，我认为跟下面的图形是一样的。但是不能弄坏、切断、（将分开的东西）重叠。

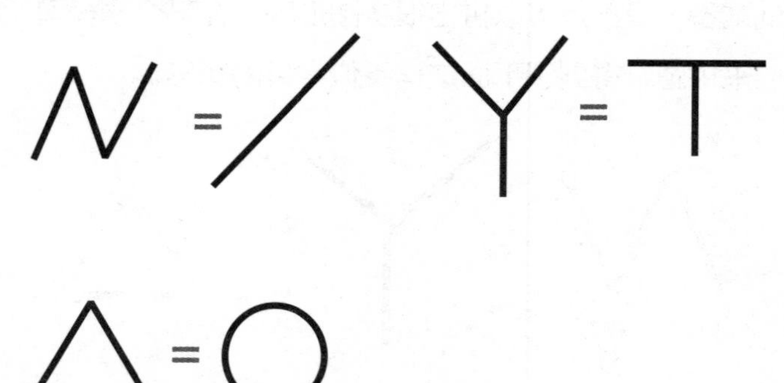

如果将这些以字母或记号来分类的话，可以分成N=C=L=M=S=U=V和D=O=△以及Y=T=E=F等组。通过这种分类来看的话，3根火柴棍能够组成的图形有N和Y以及△三个。

28

用 4 根火柴棍来拼图

将 3 根火柴棍头尾相连能够拼成的图形当作橡皮筋来区分的话，我们得到了 N 和 Y 以及△ 3 种分法。

“当作橡皮筋来看”这种分类是不是太粗略了。D=O=△=□也对，L=M=S 也可以。那如果 L 和 S 是一样的话，衣服的大小就搞不清楚了。

但是，这种想法确实是应用十分广泛的。坐地铁从 A 站到 F 站的话，如果通过看地图想查询换乘信息的话，会看到歪歪扭扭的很奇怪的图示。这是在有限的版面上以站点相连的情况为优先考虑的结果。在车站也会经常看到这样的图示。

图1

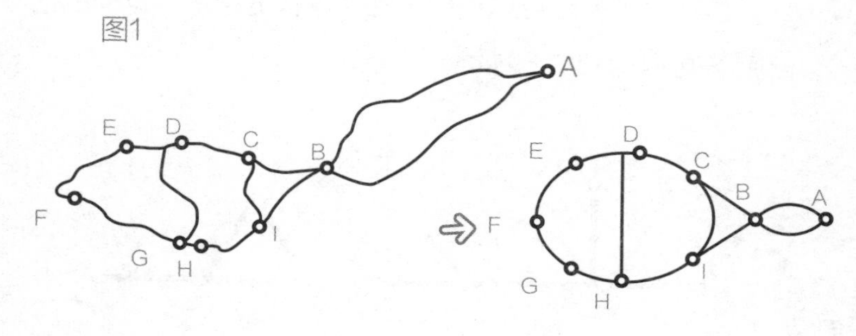

因为地图本来就是描绘了在平面上无法表示的球面的一部分，在面积、方向、交接的情况之中必须要牺牲其中的某些因素。因此会存在很多种图面的表示方法。在这里，使用哪一种表示方法要取决于想要优先表达什么意思。

我们回到火柴棍拼图。用 3 根火柴棍来拼图，可以分为 3 个种类。那么，4 根火柴棍会怎么样呢？

像 3 根火柴棍拼图一样来分类的话，很快就能得到像图 2 一样的分类。

图2

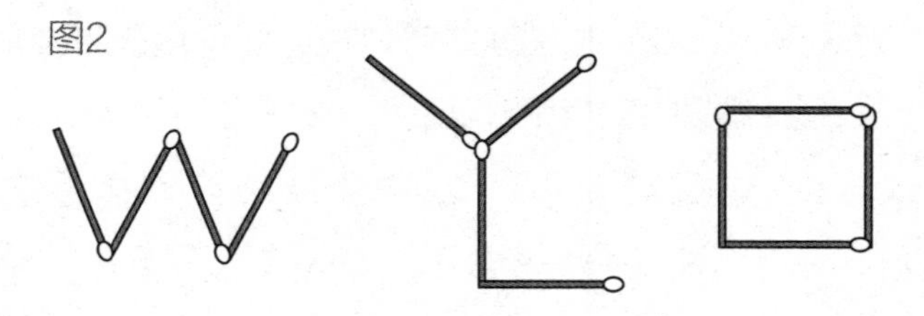

将这些用“橡皮筋法分类”的话，一下子就能知道其中存在 3 根火柴棍可以拼成的图形。W=N、□ = ○等，中间的 Y 加一个尾巴的图形通过下面部分的伸缩也是能够得到 Y 字形的。

除此之外，还可以得到像图 3 这样的图形。这样的话，全加起来可以得到 5 个种类。

图3

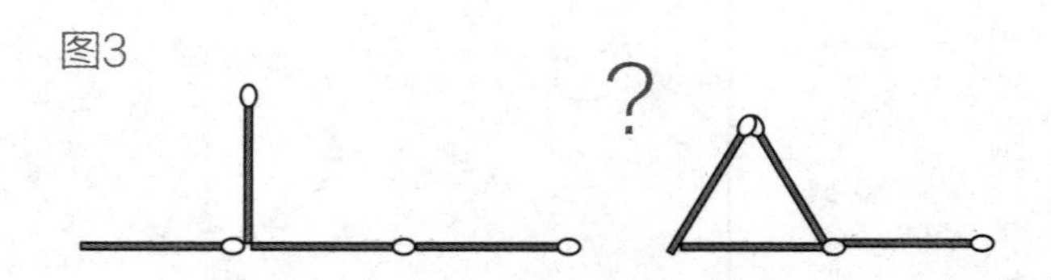

但是，就算得出了答案，一定还会有“还有其他的吗？”“有没有重复数了同样的图形了呢？”这种担心。

实际上，图 2 和图 3 所列的 5 种图示之中，存在 2 个相同的图形。是哪个和哪个相同呢？得到的 5 种图形都是什么形状的呢？这个问题我们再读下去就会明白的。

如果用 5 根火柴棍拼图的话，这种担心就会更严重了。实际上，就算权威的参考书也会存在错误的解答。

我们在进入下一部分之前，请试着思考一下“5 根火柴棍能够拼成的图形数量”。

29

用 5 根火柴棍来拼图

我们思考了 4 根火柴棍首尾相连能够拼成的图形，如果用橡皮筋来区分，能分类成什么样的图形，但在答案上我们做了一个伏笔，之后我们又提出了请思考“用 5 根火柴棍来拼图会分为多少种类”这样的题目。这种引导方式看上去可能有些牵强，但还是请再坚持一下。

“5 根火柴棍能够拼成的图形，如果用橡皮筋来区分，可以怎样分类？”这个问题是公务员考试出过的问题。某个参考书中列出了下一页的 12 种分类图示。

大家想到了哪些种类的图形了呢？

其实，①～⑤的图形，在用 4 根火柴棍拼成的图形分类中也存在。也就是说火柴棍的 n 根能够拼成的图形，那么火柴棍数（n+1）根也能拼成。

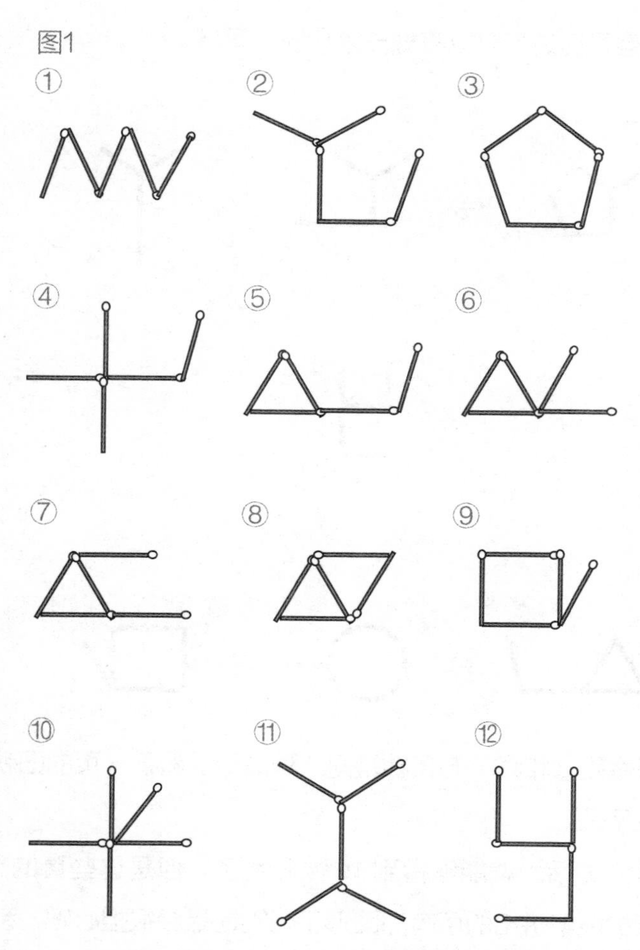

那么，得出图形的种类比 12 种少的也不要失望。其实，这个答案是不正确的，有几个是重复的。

在解答之前大家也来想一想哪些图形是重复的呢。也就是说“某个图形和另一个图形如果用橡皮筋来伸缩的话是相同的”。但是还是不可以将橡皮筋切断，弄坏。

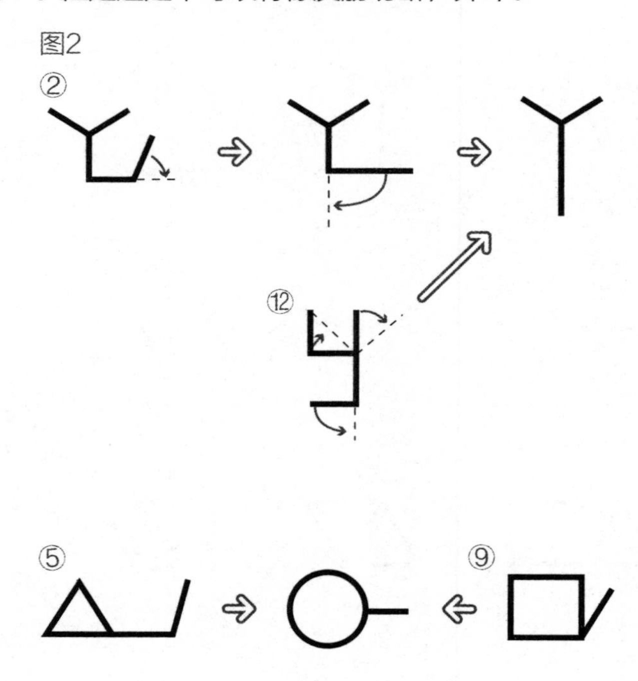

答案是②和⑫、⑤和⑨是同一种图形。看下一页的图就能够明白了吧。

这样的话，就能够得到 10 种分类了。但是这些真的是 5 根火柴棍能够拼出的所有的图形了吗？还是会很担心吧。那么怎样才能消除这种担心呢？我们下一步开始考虑这个问题。

30

通过列表来进行图形分类

前一部分的问题点是“就算用橡皮筋的方法来给火柴棍能够拼成的图形分类，也会担心分的对不对”。

为了解决这个问题，我们先来思考一下”用橡皮筋法来区分的时候，什么东西是不变的呢？”。比如，像最初那种想法，角度是马上就能够变化的吧。而且就好像□变成○，也有这种变成没角度的情况。而且橡皮筋还能够拉伸和收缩，长度也能变化。也就是说什么都是能够变化的，那是不是所有的图形都会变成同样的图形了呢?

但是，如果是这样的话，就不可能拼出 10 种图形。我们来查一查前一部分的 10 种图形，来考虑一下其中的区别。下一页的图 1 中有前一部分的①、②还有③三种图形。

图1

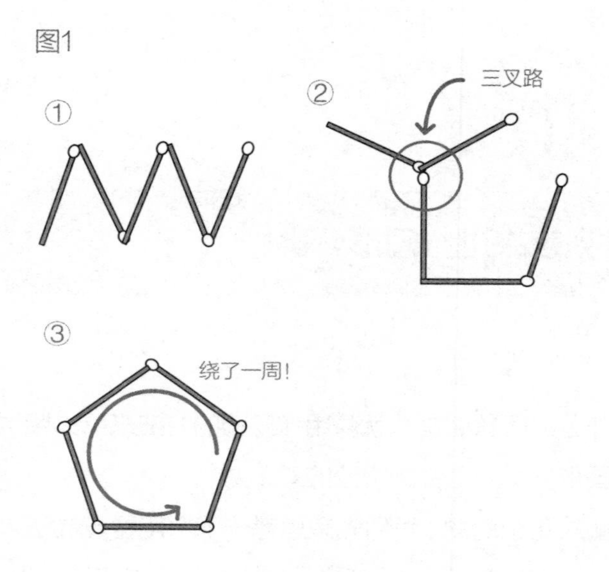

首先，我们思考一下①和②的区别。首先①是一条线，没有任何分支。但是②有三个分支（三条线连接在一个地方）。

另外③虽然没有分支，很明显同①有很大区别。在③上行进的话，会回到原始的位置。这是因为③的图形是个圆圈。

这样的话，作为分类的关键就可以分成以下两点。那就是“是否有圆圈的部分？有的话，不同的圆圈有多少？”以及“是否有分支的地方？有的话，分支的情况和个数是什么样的？”。“有圆圈，有分支”这两个基准还是互不相干的基准。

这样，我们只要做一个关于这两个基准的表就可以了。比如下面的表就是 4 根火柴棍用橡皮筋法能够拼成的图形分类表。这个表中，既没有圆圈也没有分支的用 W 表示，有一个圆圈且没有分支的图形是口。没有圆圈有十字交叉的是 X。

圆圈部分？ / 分支种类？	没有圆圈部分	有一个圆圈部分
没有分支		
有一个三岔交叉	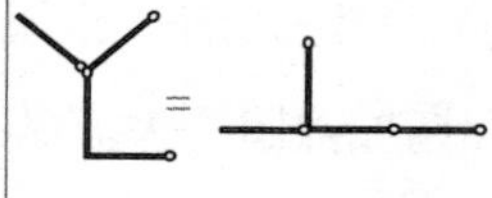 =	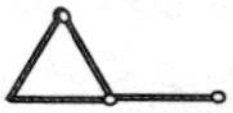
有一个十字交叉		

在这里，我们把 88 页的 4 根火柴棍的图形分类看看，就会知道哪个是错误的了。

其实，和 Y 一样的图形有两个，没有把 X 放进去。像这样以用途来做表的话就可以实现正确的分类了。

利用这个表，也可以实现 5 根火柴棍的分类。但是，分支的种类会增加，圆圈的个数也会增加到两个。

下一部分我们来讲解这个答案，在这之前请大家一定要自己先试试。

31

挑战复杂图形的分类

下面，我们终于可以开始“用橡皮筋法来给 5 根火柴棍拼成的图形进行分类”了。方法和前一部分一样，通过分支的种类和圆圈部分的个数而增加数量。大家做得怎么样?

圆圈部分的个数是怎样的呢? 一个圆圈和另一个圆圈同时使用的火柴棍（我们叫作两个圆圈“共用的火柴棍”）最多也就只有一根。也就是说，5 根火柴棍最多也就只能拼成两个不同的圆圈。

分支部分的话，除了三岔交叉和十字交叉以外还可以拼成五岔交叉（5 根火柴棍汇聚成的点）。而且，如果共用一个火柴棍的话，我们还可以拼成两个三岔交叉。但是，如果用 5 根火柴棍来拼十字和三岔交叉的话，共用两根火柴棍是实现不了的。

这样，我们可以做一个下面这样的表。特别是一个三岔交叉的地方错误会很多，需要注意。

圆圈部分？ 分支部分？	没有圆圈部分	有一个 圆圈部分	有两个 圆圈部分
没有分支			
有一个三岔交叉	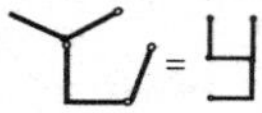	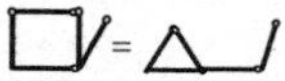	
有两个三岔交叉	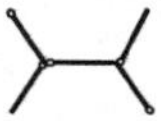	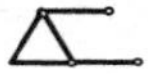	
有一个十字交叉	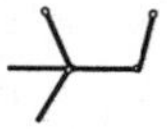		
有一个五岔交叉			

这样的话，我们可以确信正好可以分成 10 个种类了吧。

但是，又会出现下面的问题。

“下面左边的图形中有一个圆圈、一个三岔交叉的图形，因为小尾巴在圈里面，就算移动橡皮筋，是不是也不能变成右边的图形？”

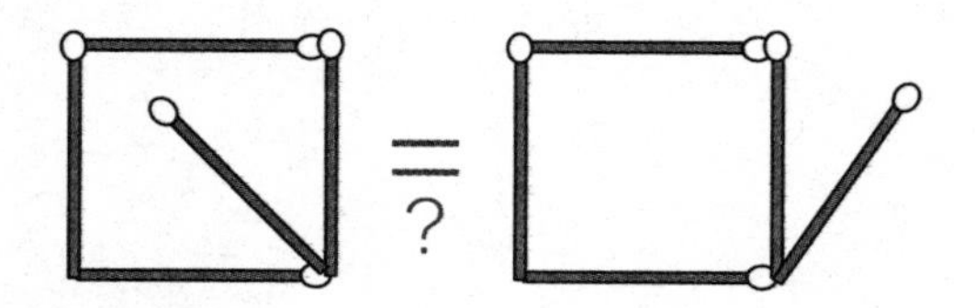

如果认为只能在平面中移动的话，确实是不行。但是移动

的范围并没有规定为必须在平面上。我们的条件仅仅是“用橡皮筋法来移动是否能重叠”，这么看这两个图形可以认为是一样的。

下面，我们既然能够把 5 根火柴棍摆出的图形分类，那么接下来我们来挑战一下 6 根火柴棍的分类。这一次，同一分类的图形中也可能会出现不同种类的图形。

这个问题先给大家留一个作业。

32

来挑战加里哥尼斯堡的桥的问题

用橡皮筋法来给图形分类的这种想法也可以应用于“一笔画”的判定上。所谓一笔画就是“笔不离开纸来画画。可以反复经过一个点，但不能重复画线”这样规则的游戏。

大家应该都玩过吧。

这个游戏的起源之一就是 18 世纪的数学家欧拉的哥尼斯堡 7 桥的问题。

欧拉在来到哥尼斯堡（现俄罗斯的加里宁格勒）时，那里的市民长时间被一个问题所困扰，那就是“在散步的时候能不能不重复地把市内的 7 座桥都走完？”（简图参照图 1）

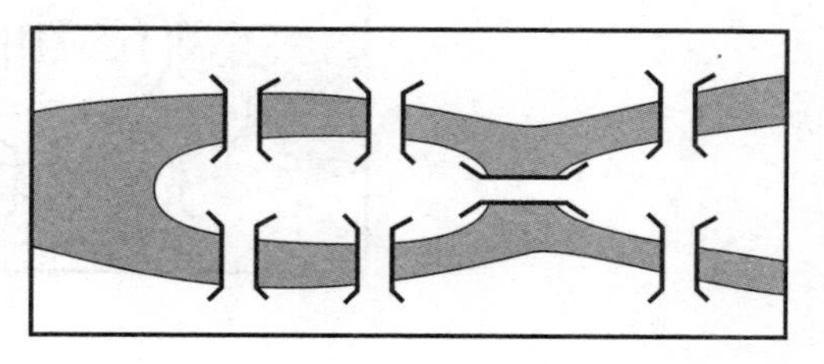

欧拉当时只看了一眼地图马上就解答出来了。

欧拉的答案是这样的：

“关于被河流分割开的区域，来数一下连接这些桥的数量。分别是 5 座、3 座、3 座、3 座（如图 2 所示）。如果是散步途中经过的区域，那么进入这个区域后一定要再出来，所以必须是连接偶数座的桥。奇数座的桥可以适用的仅仅是在散步的开始和结束的两个区域。与奇数座的桥连接的区域如果比那个多的话，散步是绝对实现不了的。因为有 4 个岸（岛）与奇数桥相连，所以散步是绝对实现不了的。”

在各个区域设置休息点，如果要度过桥的话，必须得经过这个休息点，那么散步路线就像图 2 的下边那样。也就是说，欧拉指出了“奇数条线连接的交叉点的数量如果超过两个的话，就不能够实现一笔画成。”

图2

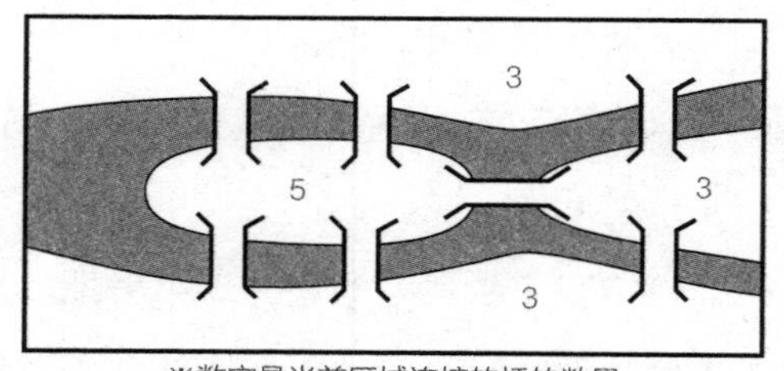

※数字是当前区域连接的桥的数量

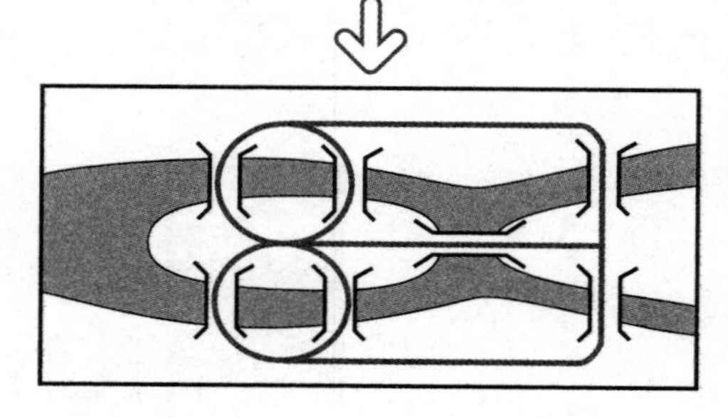

33 来试试一笔画成各式各样的图形

前一部分我们知道，如果想要一笔画成图形，那么就像要使用欧拉告诉我们的原理“奇数的线连接的交叉点的数量要在两个以下，并且只能用于开始和结尾的点。”

我们实际上画几个图形来验证一下。请看下图，这些图要怎样才能用一笔画成呢？

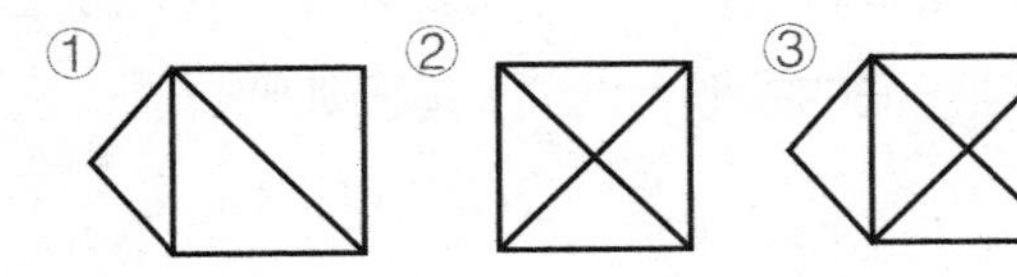

首先，关于这些图中的线有多个焦点和端点，我们来写一下出现的线的数量。当然，端点是 1 在这里是没有的。

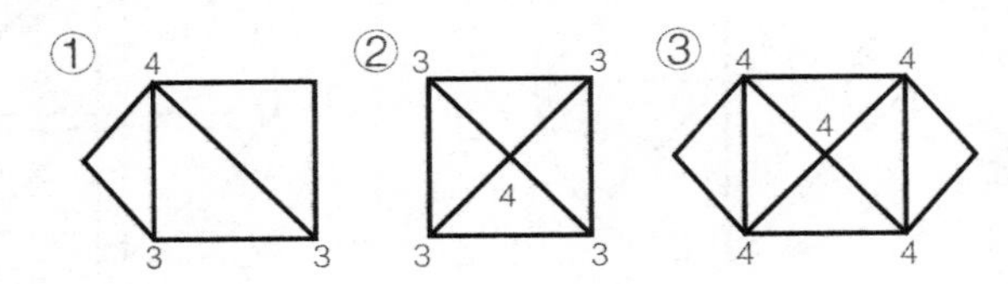

接下来，能够数一下线的数量是奇数的点的个数。①是 2 个，②是 4 个，③是 0 个。

这样，只有②不能够用一笔画成，①的起点和终点是分开的。③无论从哪里出发都没关系，最后还是会回到出发点。只要定好出发点和终点的话，剩下的只要选择能画的地方画下去就能够实现一笔画成。答案如下图，实现一笔画成时，有很多路线。出发点和终点也是可以互换的。

另外，在②上面加上两根线，把奇数的线变成偶数就可以当作是③了。

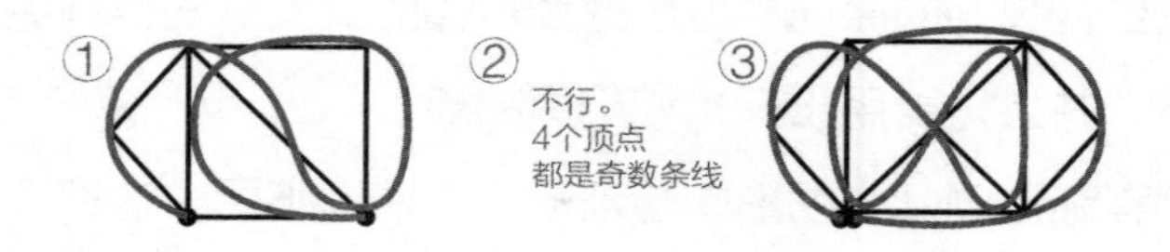

这个一笔画的解答方法无论在多么复杂的图形上都可以使用。大家也在下面的图形上试试一笔画成吧。

问题 请将下边的图一笔画成。

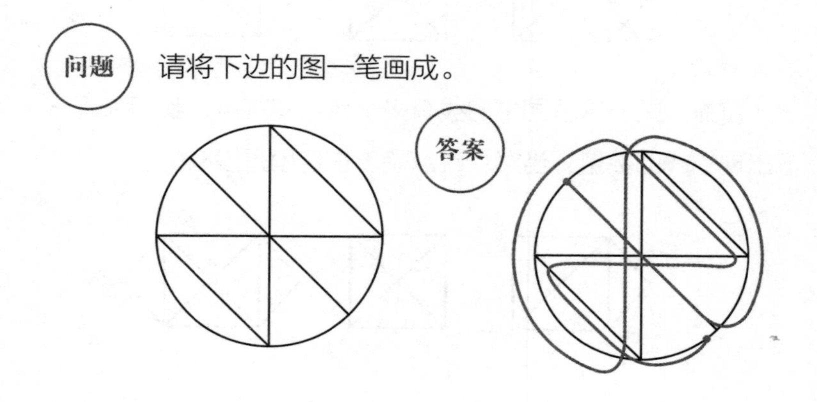

34 什么是奇点

能够实现一笔画成是需要奇数条线连接的点要在两个以下。“奇数条线连接的点”这个说法太长了，在这里我们就叫它奇点（数学用语中有很多以这种理由来命名的名词）。

接下来，图 1 中，为了判断能否实现一笔画成，标注了各个点连接的线的数量。奇点是用○圈起来的数字。

奇点有 4 个，所以不能一笔画成。像图 2 那样把线的数量减少后。就变成图 3 就可以一笔画成。

刚开始说过“奇点要在两个以下”吧。那么有人就要问了“一个的情况呢”。在这里，我们再增加图 1 的线，像下页图 4、图 5 那样，试着数数各自奇点的数量。

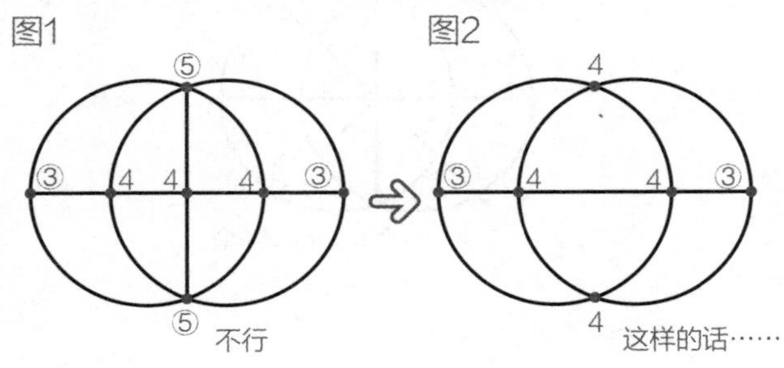

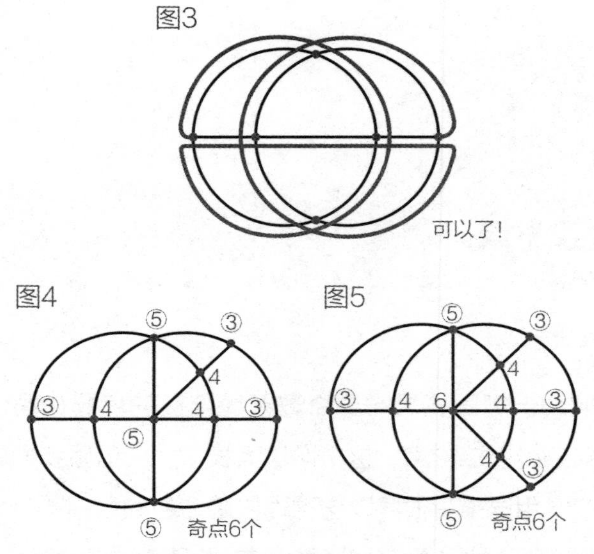

图 4 和图 5 的奇点都是 6 个。迄今为止出现的图的奇点数都是偶数。

那么我们就会想“怎样才能让奇点不是偶数个呢”。有人画了一张图，并且说“这个图的话就是 7 个奇点”，请看下面的图 6。

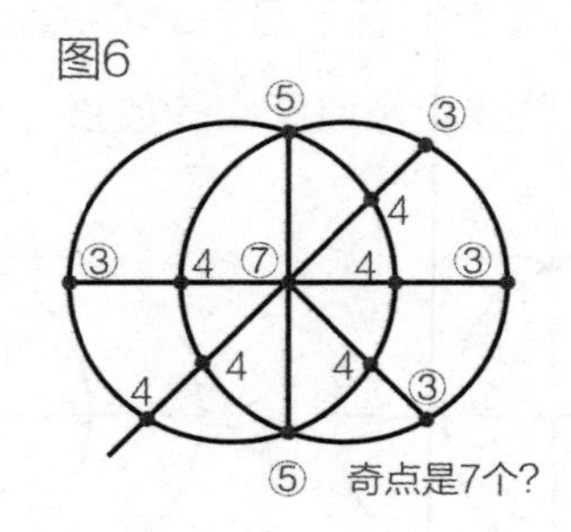

但是，很遗憾！左下边的线出头了。这条线的一端也只连接了一条线，所以算作是个奇点。这样的话，奇点数就变成了 8 个了。

那么，好像是无论如何奇点都是偶数的样子。因此，“奇点是 1 个”这种命题就不存在了。但是大家来想一想为什么会是偶数呢？

图7

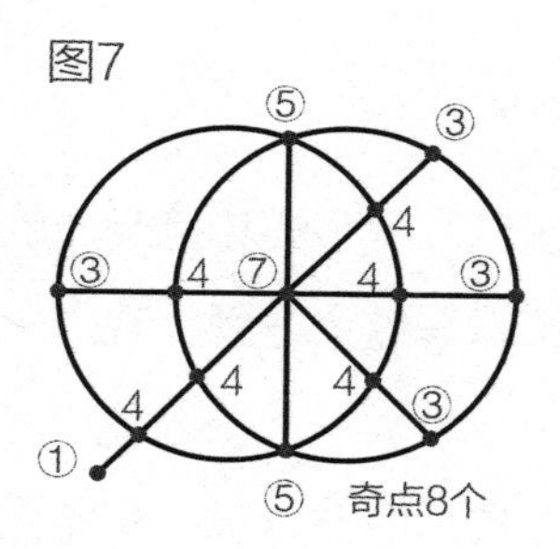

35

思考奇数和偶数的性质

前一部分中，我们假设了线和点组成的图形的“奇点”个数只能是偶数。为了思考这个命题，我们来复习一下偶数和奇数的性质。

什么数都可以，把几个偶数加起来看看（使用同样的数也没关系）。

4+6+8=18、6+2+12+2=22……

加出来的结果全部都是偶数吧。因为偶数+偶数等于偶数，而且偶数相加得出的也是偶数。再用这个结果加上一个偶数还是偶数，也就是说仅用偶数相加的话得到的结果必定是偶数。

另外，我们算一下偶数+奇数或者奇数+偶数。

2+3=5、5+8=13、7+2=9、12+15=27……

像这样，偶数+奇数或者奇数+偶数得到的一定是奇数。

我们用上面的前两个来举例的话就能得出原因，

2+3=2+2+1、5+8=4+1+8

像这样，将（偶数 + 奇数）和（奇数 + 偶数）变成（偶数 + 偶数 +1）=（偶数 +1）这种形式。

奇数 + 奇数得到的一定是偶数。比如像下面一样。

3+5=8、9+7=16、11+3=14……

那么 3 个以上的奇数相加会怎么样呢？

3+9+7=19

7+11+3+5=26

3+5+9+3+7=27

5+7+3+11+5+13=44

……

这次 3 个数相加是奇数，4 个数相加是偶数，5 个数相加是奇数。这么看来好像偶数个的奇数相加是偶数，奇数个的奇数相加就是奇数。

在这点上，以下面的顺序两个两个来配对的话就明白了。

（3+9）+7=19

（7+11）+（3+5）=26

（3+5）+（9+3）+7=27

（5+7）+（3+11）+（5+13）=44

……

每个配对都是偶数，那么几个配对加起来也都是偶数。那

么奇数个的奇数配对，在配不上对的情况下，

偶数 +……+ 偶数 + 奇数 = 偶数 + 奇数 = 奇数

得到的结果也是奇数。

把下图（与前一部分的图一样）各点的线的数量全部加起来。是不是看明白了什么？

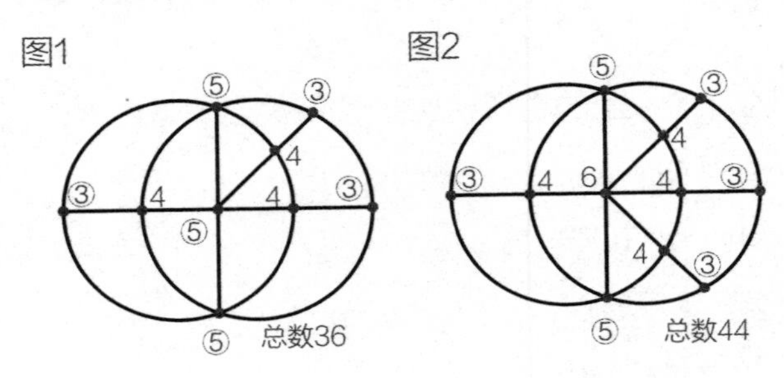

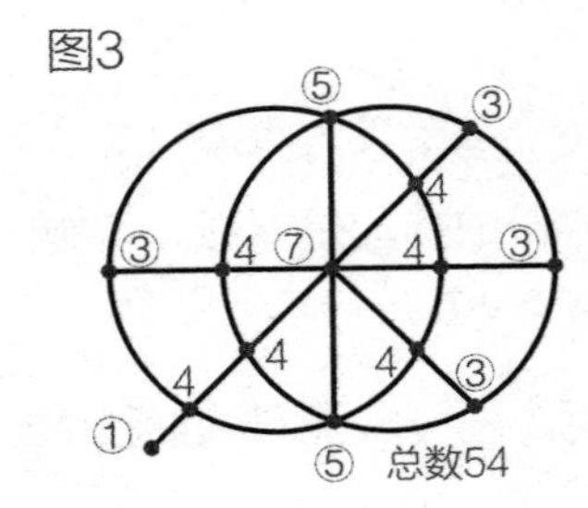

36

思考奇点的性质

在前一部分的图 1~3 之中“线和点的图形的奇点一定是偶数个”的理由，已经明白了吗?

下一页也有同样的图，我们一边看图，一边讲解这个图的意思。

写下连接各点的线的数量并把它们全部加起来，分别是图 1 是 36、图 2 是 44、图 3 是 54。关于这个数量，3 个都是偶数，这是巧合吗?

为了思考这个问题，我们考虑下将36、44、54这3 个数用“连接各点的线数相加”以外的方法能不能得出来呢?

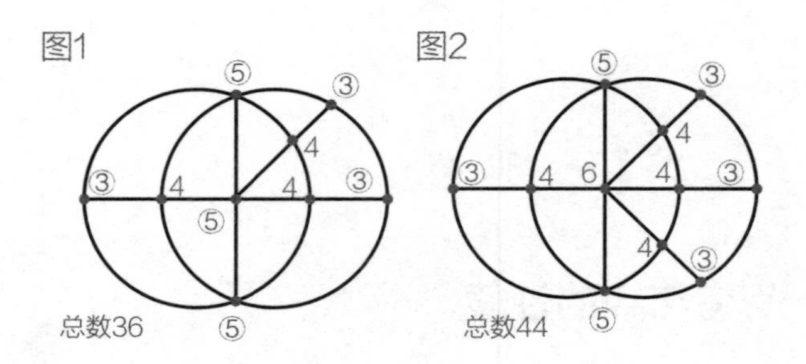

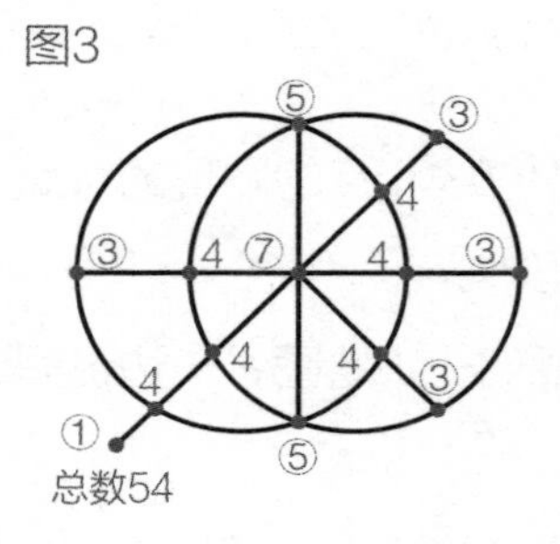

再给个提示、我们将图中的小圆点●以及周围的部分去掉。那么就形成了像下一页那样分好多线段的图形。这些线的数量分别是 18、22、27。这样的话明白了吧。

“连接各点的线的数量之和”=“去掉●点的线的数量”×2。

因为一条线的两端的点要计算两次，所以这是毋庸置疑的。

因此，“连接各点的线的数量之和”就一定是偶数。

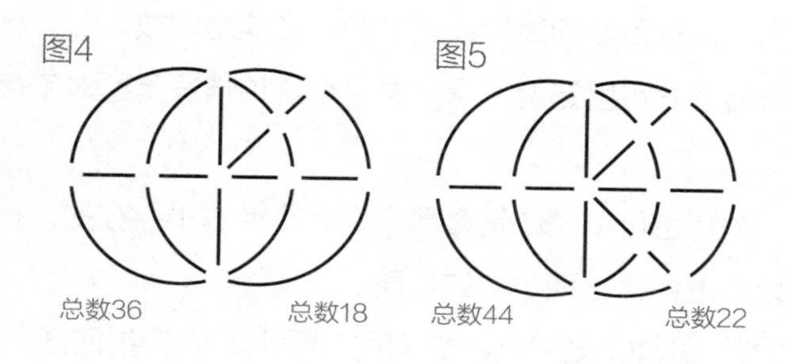

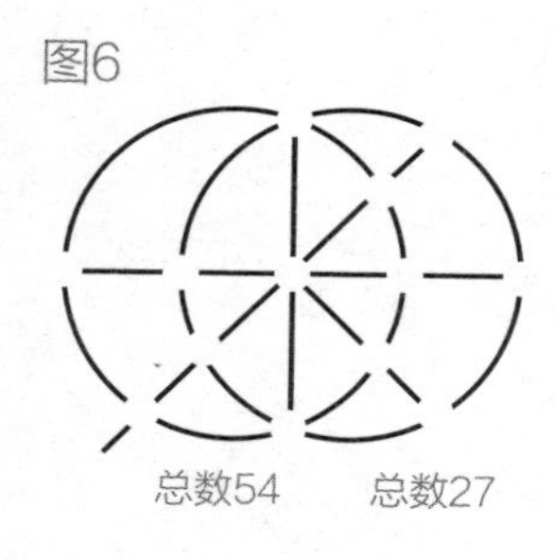

线和点构成的图形的奇点如果是奇数个的话会怎么样呢？比如假设有一个图形的奇点是 3 个，那么这个图形就可以用下面的算式计算。

“连接各点的线的数量之和” = 奇数 + 奇数 + 奇数 + 偶数 + 偶数 +……+ 偶数

因为我们不知道这个图形中与偶数线连接的点的数量，所以中间用了……。因为偶数相加多少次都是偶数，所以这一点不需要管它。奇数 + 奇数 + 奇数等于奇数，所以这个数的答案是奇数。

因为“连接各点的线的数量之和”必须是偶数，那么这一点就很奇怪了。也就是说，奇点是 3 个这种情况是绝对不存在的。

这个解释也可以说成是奇数个奇点是绝对不存在的。在对图形的分析上也会出现数字的性质。

因为数学是同很多事情息息相关而且是非常重要的。

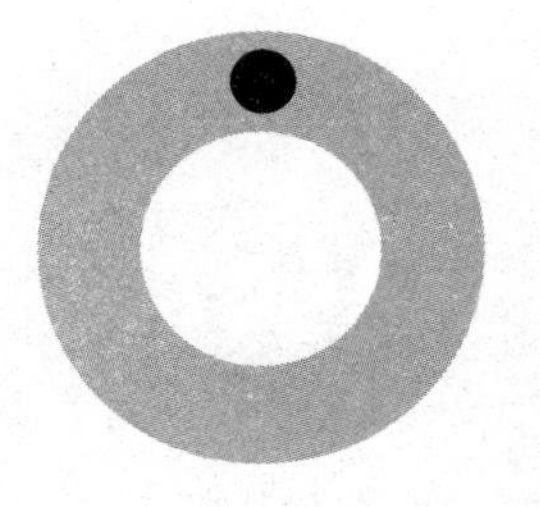

第6章

切分年糕
揭示图形的规律

37

给豆腐切成丁儿

在做饭中也隐藏着很多数学问题。我们来分析一下“用菜刀切菜的问题”吧。

下图是将立方体的豆腐切成27个立方体的小丁儿。“丁儿”不是“某个小孩子的乳名”。所谓“丁儿”就是骰子块儿，就是切成很多小骰子块儿的一种切法。

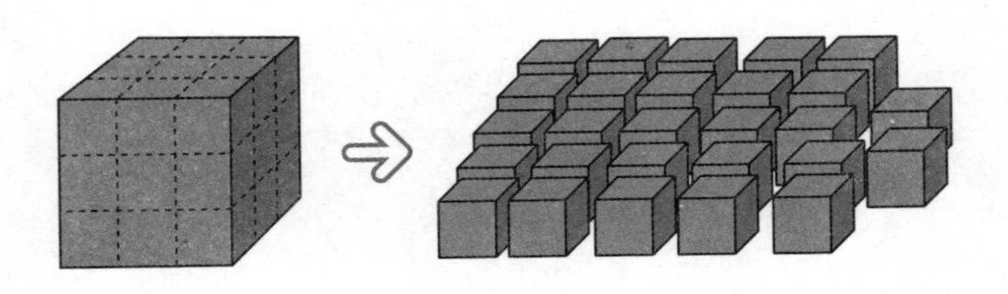

一般来说，为了不把豆腐弄塌，纵向切2刀，横向切2刀，再由上至下切2刀，总共切6刀。这样就能切成27个小立方体。但是，真正去切豆腐不是件容易事儿，所以挺有意思的。

那么，言归正传，有人会想“从数学角度上把事情尽可能简化吗”？

将大立方体切成 27 个小立方体，有没有办法减少切的次数呢？当然，用相同的切法的话，还会是 6 次，但如果将切了的东西重新摆放，或者改变叠放的方法，会不会减少切的次数呢？

“会不会减少”的答案，也有可能是“不会减少”。但这个时候就要清楚地说明“为什么不会减少呢”。

另外，我们要求，一刀切下去，切口必须是平面，不能有拐弯。

还是挺难的吧。要是解答不出来的话，我们先来思考一下稍微容易一点儿的问题。

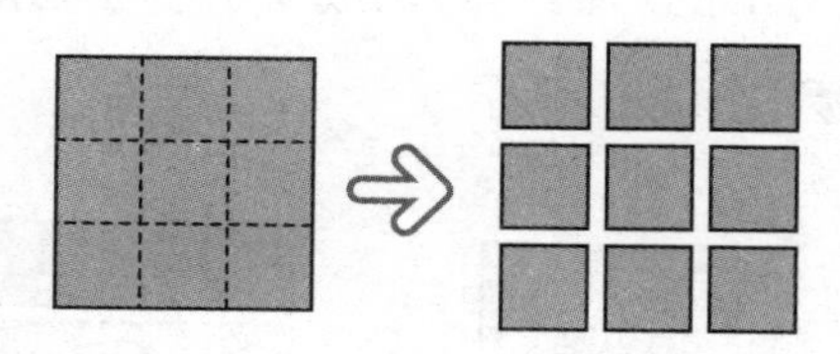

将如上图这样的正方形年糕，用刀切成 9 个小正方形。只需要纵向 2 刀，横向 2 刀，共 4 刀就可以啦。

那么，如果改变切了一刀后的年糕的摆放方法，切的次数会不会比 4 刀少呢？

来，我们来想一想吧。

38

着眼于正中间来下刀

在前一部分，作为解决将立方体的豆腐切成 27 块这个问题的线索，出了下面这道问题。

将正方形的年糕用刀切成 9 个小正方形，切的次数会不会比 4 次少呢?

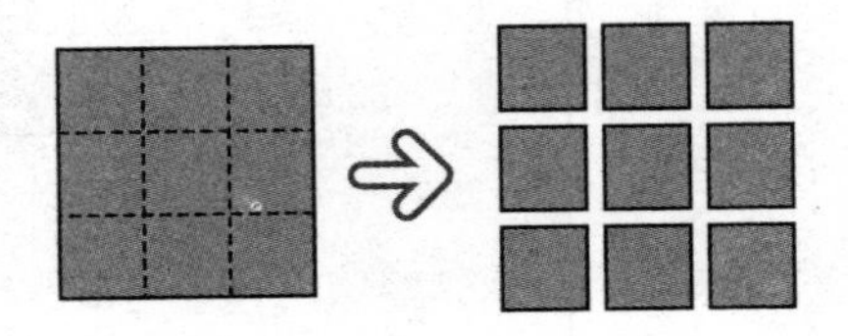

作为条件，要求每一刀切下去都要是直的，切口要是直线或者是平面。另外，每切一刀后，是可以将年糕重新叠放的。

看起来 3 刀切成 9 块是绝对不可能的。但是，如何证明“不可能”呢?

于是，就有了这一部分的题目“着眼于正中间”。切成 9 个小正方形时，请仔细观察正中间位置的（色深的部分）正方形。

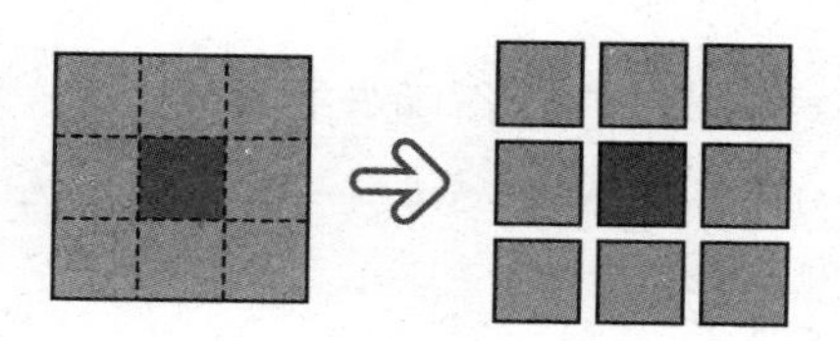

这个正方形的 4 条边在切之前就是正方形中的直线。也就是说，4 条边都是切之后才显露出来的。为了能让这个正中间的正方形在分成 9 块后被切出来，就必须要切上 4 刀。这样，就知道用刀切 4 次是必要的。

这样，在前一部分中，用刀将立方体的豆腐切成 27 块小立方体的次数问题就迎刃而解了。只要考虑正中间的立方体就可以啦。

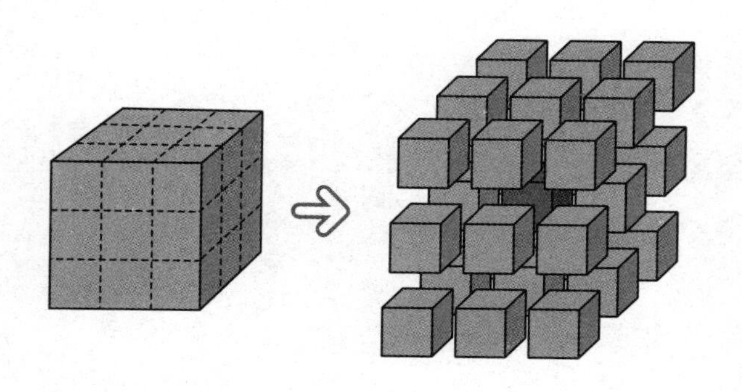

正中间的立方体（已涂成深色）在切之前就有 6 个面，本来隐藏在中间，切开后就出来了。为了让这 6 个面都显露出来，就必须要切上 6 刀。

像这道题一样，在觉得困难的时候，可以先从同类型简单的问题上找线索。这是一个连数学家也经常在使用的一种很方便的思维方式。

39 切十字形摆放的年糕成正方形

在前一部分，思考了切年糕的问题。但是，那只是为了思考切立方体豆腐的一个步骤。在这一部分，我们主要来研究切年糕的问题。要求还是刀要直着切，切口是直线。

首先来思考下面这道问题。

请将 5 个正方形的年糕按十字形紧粘在一起。请用刀切开后，重新排列成正方形。

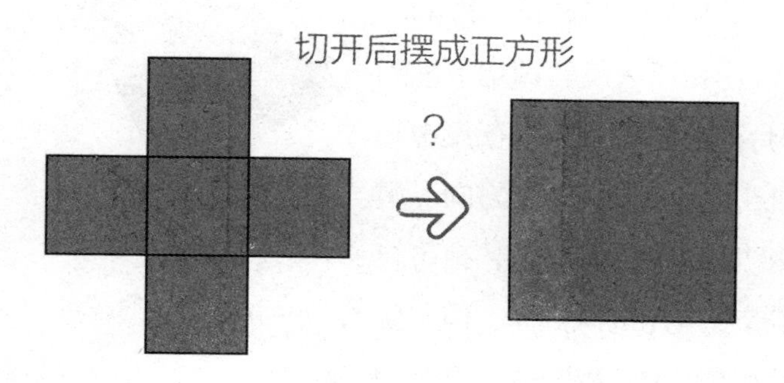

沿着这个十字形的正中间的纵线进行折叠，再沿着正中间的横线进行折叠。也就是说，因为是上下和左右对称的形状，所以剪切成的图形（如果剪切的话）也能是很规则的图形。

一边留意着这一点，大家也拿出纸，在纸上画一个十字形，将其剪成各种形状，再拼在一起，试试能不能拼成正方形呢？

即使失败很多次也继续尝试的话，应该就能拼出下一页的图形吧。

剪切后，拼成正方形的时候，尽量不去旋转剪切下来的碎片而去拼接，所以在正中间的图上画上了移动的方向。虽说把碎片往远处移动，有可能会有一点儿觉得打怵，但不旋转才更容易分辨图形。这个做

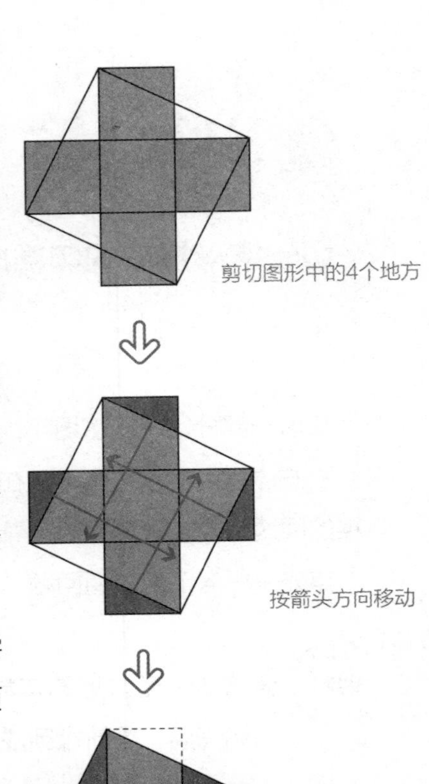

法在复杂的图形上更有效。

这一步完成了的话，我们继续下一步。和前一部分出的问题一样。

现在的剪切方法，是剪切了 4 次。那可不可以减少剪切的次数呢？请一定要思考一下。

40 思考让剪切次数更少的方法

下图 1 是前一部分讲解的，将十字形切四次拼成正方形的方法。

于是，想让大家思考一下，可不可以减少切的次数呢？

图1

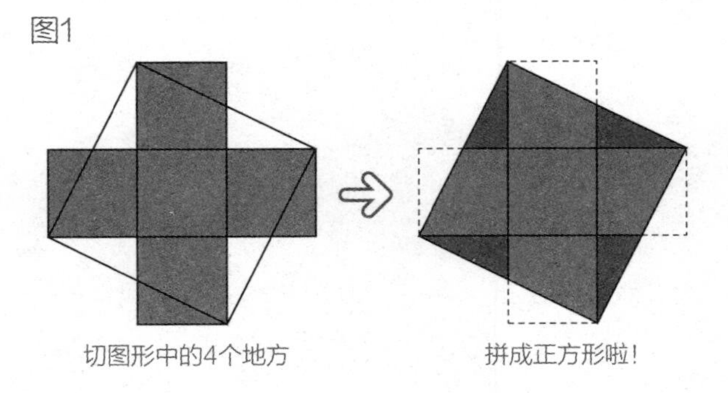

切图形中的4个地方　　拼成正方形啦！

为了减少切的次数，每切 1 刀，要尽可能多的切出大正方形的边。如图 1 所示，大正方形的边长是 2 个小正方形拼在一起而成的长方形的对角线（下页图 2）。在图 1 中，每次只切出了这个长度的一半。

最好可以每切 1 刀就切出整条边的长度。那么，下图 3 就画出了 1 种切法。切开后，在两边能出来 2 个图 2 的对角线的长度。也就是说，重叠的对角线的长度被切分开后，变成 2 条。

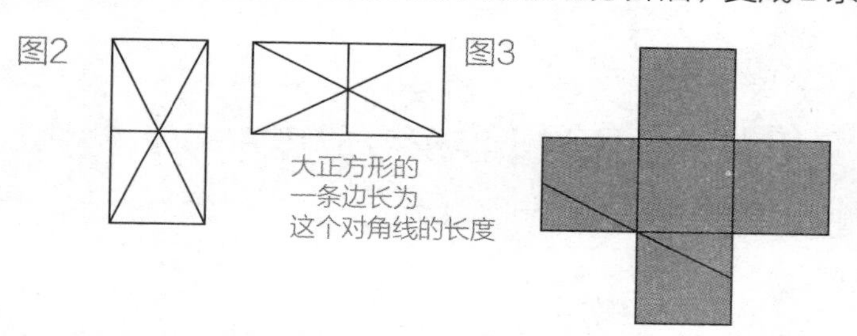

好了，再以这个长度切 1 刀，看看是不是能拼成正方形呢？比如说，按图 4 的样子切开后拼一下。

那么，除此之外还有没有切 2 刀就能拼成正方形的方法呢？在翻开下一部分之前，请好好考虑一下吧。

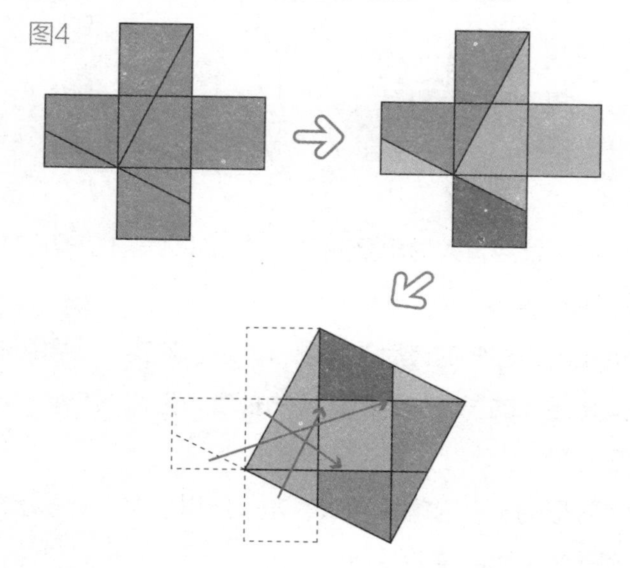

41

以多种切法将十字形变成正方形

在前一部分，介绍了一个“切 2 刀把十字形变成正方形的方法”。在那道题中，看似很随意地将第 1 刀的切线定在如图 1 的位置。

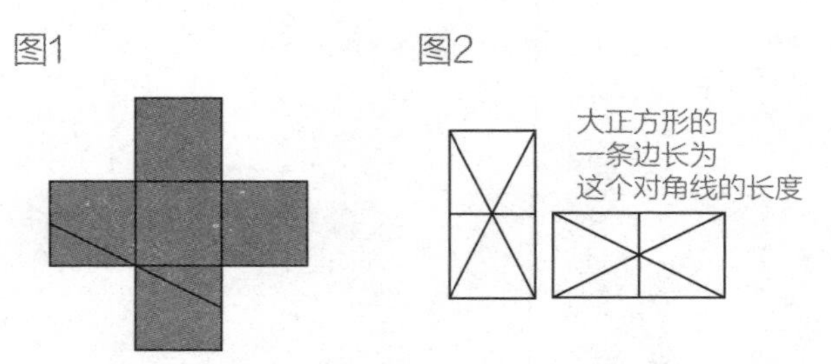

这样，就会有人提出疑问了。“为什么第 1 刀切的方法要如图 1 呢？”

这和前一部分的最后的问题有关系。其实，只要切的时候的长度是图 2 的长方形的对角线的长度，再切 1 刀就一定能成为大正方形。

正方形的 4 个内角都是 90° 吧。所以，为了拼成正方形，就必须让边和边的夹角是 90° 。

然后，就会惊讶地发现，在十字形的年糕上，画 2 条如图 2 的对角线的长度的直线，沿着线切下去，一定会拼成正方形的。接下来，再用图形具体看看几种切法的样例和拼成正方形的方法。

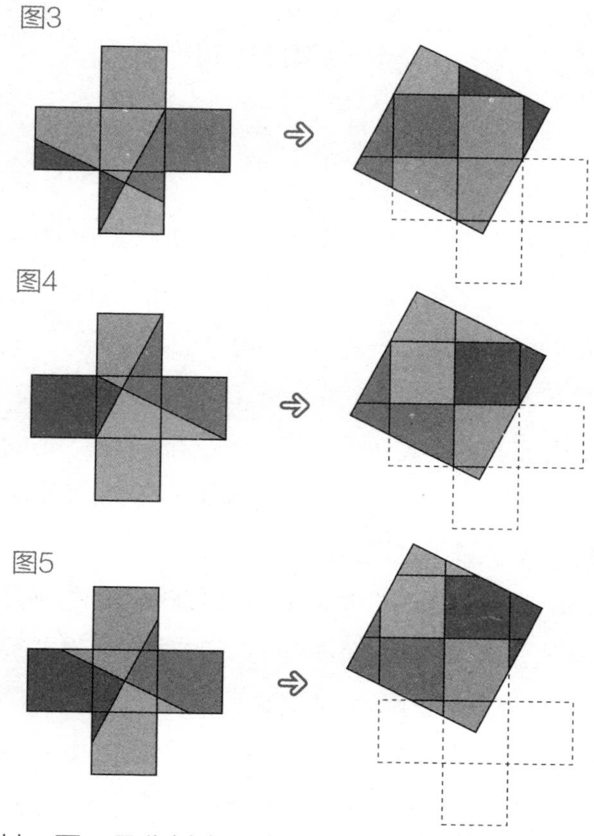

尤其，图 5 是分割成 4 个相同的图形而拼成正方形，真是一种非常漂亮的切法呀。请大家也一定在纸上画一个十字形，尝试看看还有没有其他的切法吧。

42

挑战一下江户时代的图形问题

到前一部分为止，我们通过思考“切 2 刀把十字形变成正方形的方法”，了解了各种各样的切法。虽然很高兴“做出来啦！”，可还能多思考一下“没有其他的方法吗？”，这样做对提高算术能力非常有帮助。另外，再多思考一下“这种方法能不能适用在其他的题目上呢？”而去拓展问题，帮助更大。

多说一句，是不是一般都会觉得数学还是欧美更厉害一些呢？但是，其实并不是这样的。

例如，有研究表明，很久很久以前在刚果的村子就有孩子将一笔画当作游戏在玩。日本很久以前的数学（叫作“和算”）也是在某个领域走在了世界的前沿。

1743 年，日本有一本叫作《冠者御伽草子》的书，里面有如下一页图 1，“将 5 块粘在一起的年糕拼成正方形”这样的问题。

图1

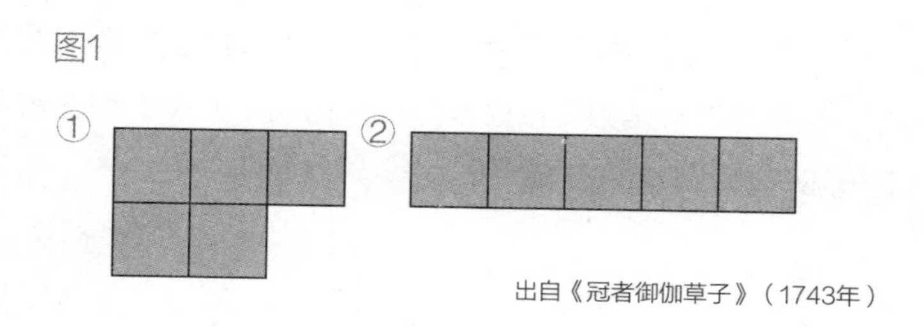

出自《冠者御伽草子》（1743年）

我认为这道题的①②的顺序在原来的书里应该是反过来的吧。但是，大家读这本书读到这里的话，一定觉得①简单一些吧。只要找一条图 2 的对角线的长度的线，再找一条和这条线相交成直角的线切 2 刀，再移动一下，立马就拼成啦。

图2

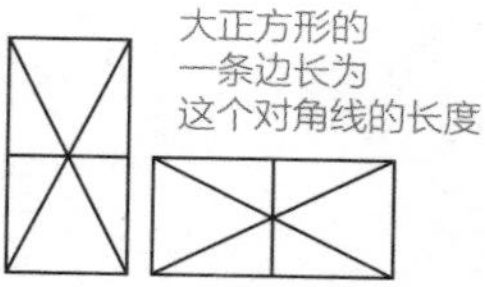

大正方形的
一条边长为
这个对角线的长度

下面的图 3 就是答案。果然还是只要切 2 刀就能拼成正方形。

图3

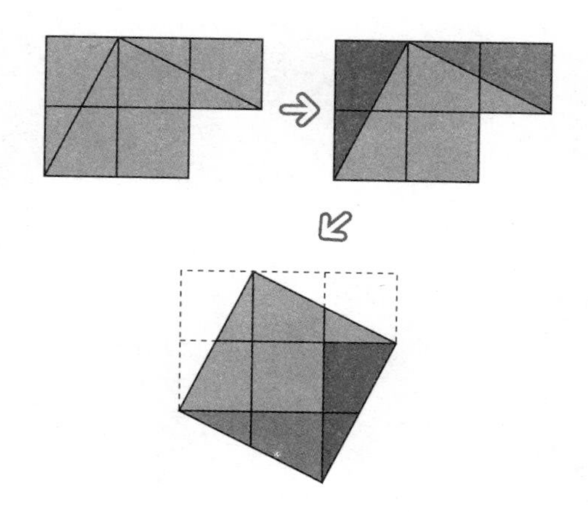

但是，②就稍微难一点儿。能够按图 2 的长度切 1 刀，但是如何能找到与其相交成直角的线来再切 1 刀呢？请在进入到下一部分前，思考一下吧。

43 将横向粘在一起的 5 块年糕切开拼成正方形

在前一部分的最后抛出了一个日本大约 270 年前就有的问题，“将如图 1 的连成一条直线的 5 块年糕，切 2 刀后拼成正方形”。

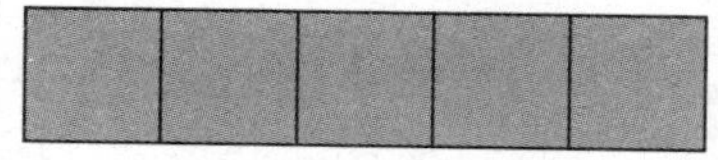

之前的几道题的答案中（请参照下一页的图），切第 1 刀后都没有移动年糕。但是图 1 这种情况的话，没办法很好地切出大正方形一条边的长度（图 2 AB 和 AC 就是这个长度）。

图2

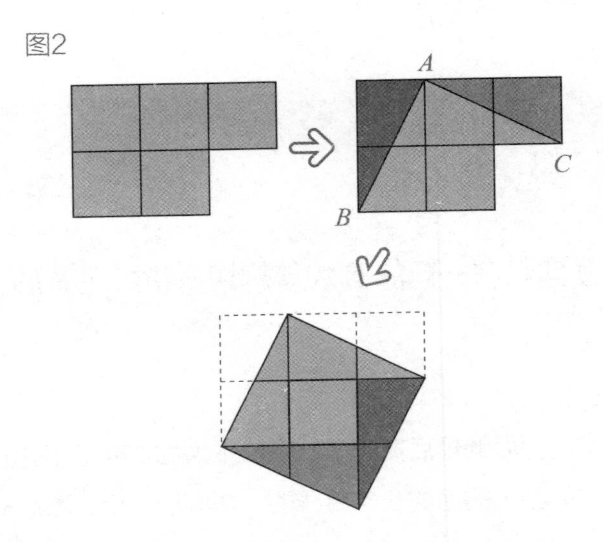

所以，这种情况就需要切 1 刀后，移动其中 1 个，让其变得可以很好地切成。

这里，几次提到“很好地切”，是什么意思呢？那就是，在第 2 刀切的时候，能够切成和第 1 刀切的线成直角的线。这样，就形成了正方形顶点的 90°。

到这儿讲解的内容，是不是都明白了呢？

答案就是如下一页的图 3 这样切就可以了。

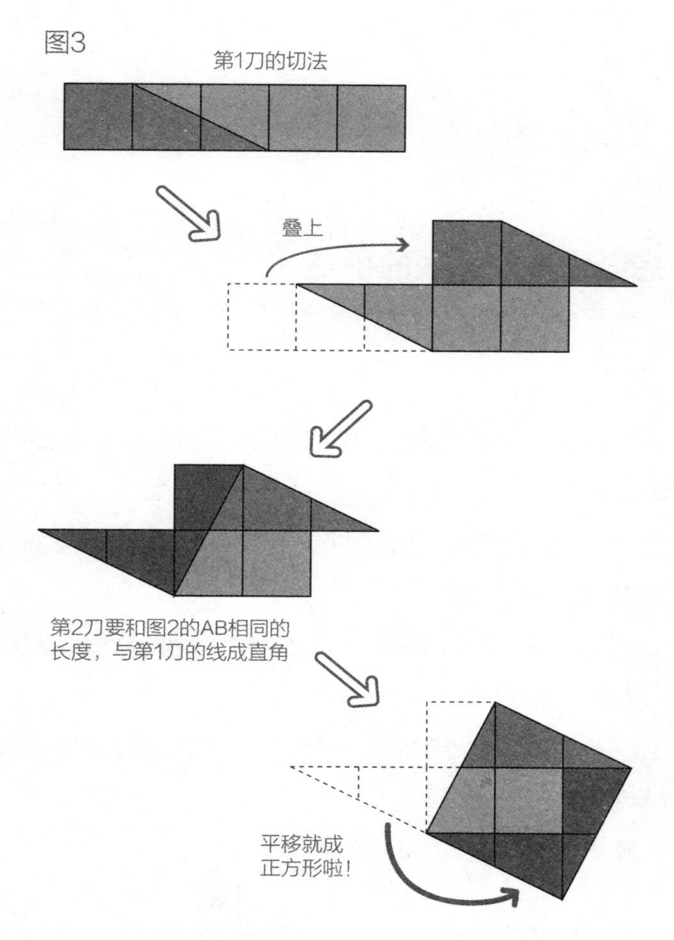

至此，我们分析了用 5 个连接在一起的正方形变成一个大正方形的问题。

这样的问题只适用于 5 块年糕吗？在看下一部分前，请思考一下。

44

思考增加年糕数的拼法

前一部分最后的问题，“切年糕拼成正方形是只适用于 5 块年糕吗？”。

给这个问题，加一个小条件。不包含 4 块和 9 块这种一开始就能拼成正方形的。

试过了 6 块、7 块、8 块……，都不太顺利。所以，请记住，从 5 块的十字形开始。

如图 1，和这个十字形形状相似，增加年糕的数量就得出 13 块年糕形成的图形。

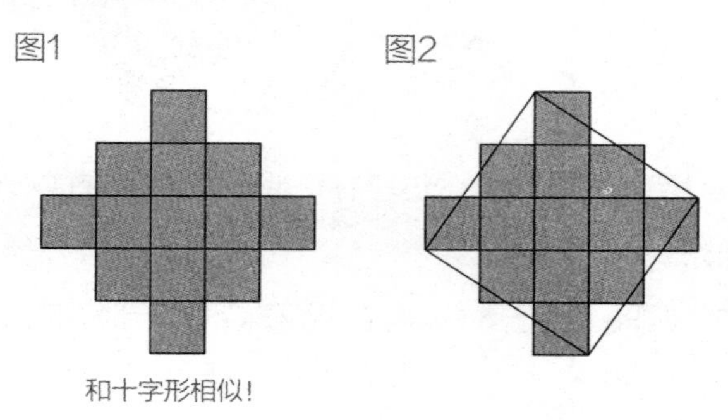

然后，和十字形同样的处理方法，将四个方向最顶端的正方形的顶点连接起来，就得到一个正方形。

其实，沿着这个正方形切 4 刀，将正方形外侧多出来的三角形平移到对面的空白处，就正好拼成了正方形。在下面详细解说平移的方法

通过这个图能知道 13 块年糕切开拼成的正方形的一条边的长度。

先留个作业。是否可以只切 2 刀就能将如图 1 的 13 块紧挨在一起的年糕拼成正方形呢？

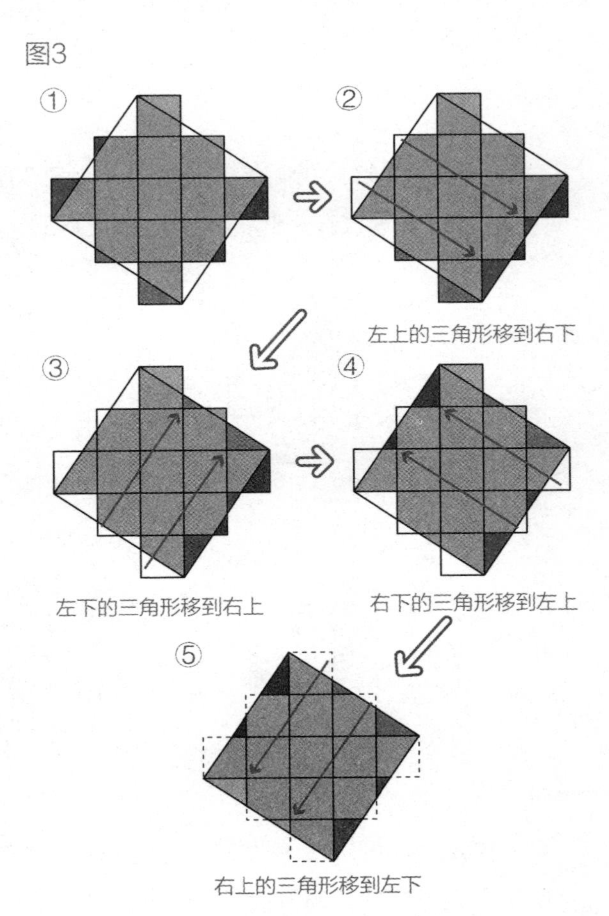

45

将 13 块年糕切 2 刀拼成大正方形

在前一部分，我们已经确定了“如图 2 所示，用刀能将如图 1 的 13 块紧挨在一起的年糕拼成正方形”。

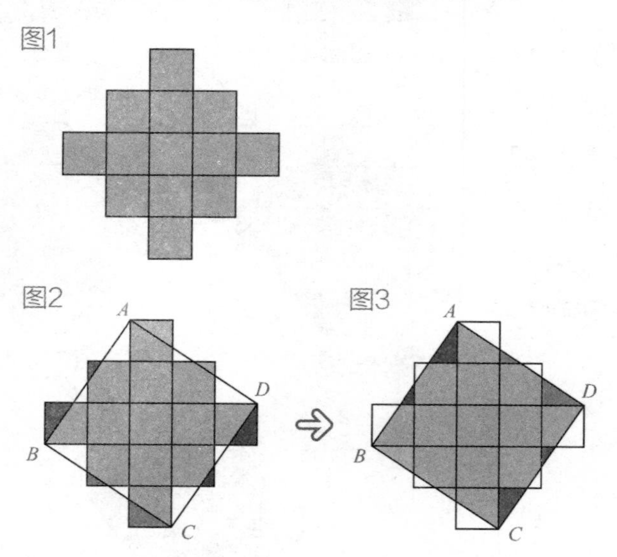

但是，这种切法需要切 4 刀。于是，就有了“是否可以只切 2 刀就能拼成正方形呢？”这个问题。

如果还记得之前做的“5 块的十字形拼成正方形”的切法的话，这道题就很容易啦。

回想一下就是下面这样的吧。

“在图 1 的图形内画 2 条线，1 条是图 2 的正方形 *ABCD* 边长的长度，另 1 条是与第 1 条线垂直相交的线，再沿着这两条线切开就可以拼成了吧。”

图4

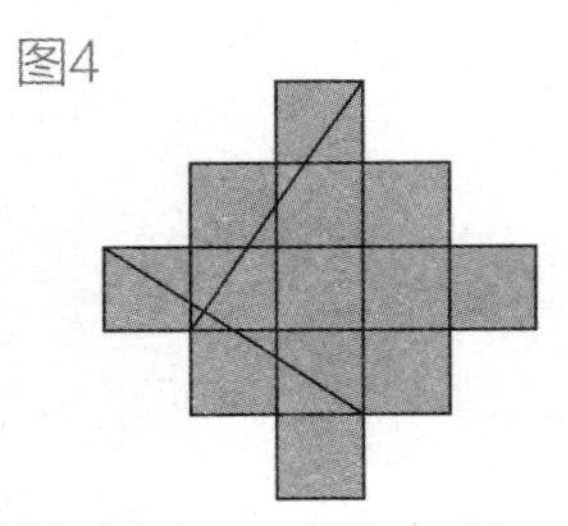

实际操作一下看看。将 *AB* 这条线往右边移小年糕一条边的量，将 *BC* 这条线往上移小年糕一条边的量。这样，这两条线还是保持着垂直相交，长度也没有改变，也都进入到图 1 的图形内了（如图 4）。

沿着这两条线切开，拼上之后确实是一个大正方形。请注意看，拼的时候，新形成的直角的角成为正方形的顶点（图 5）。

图5

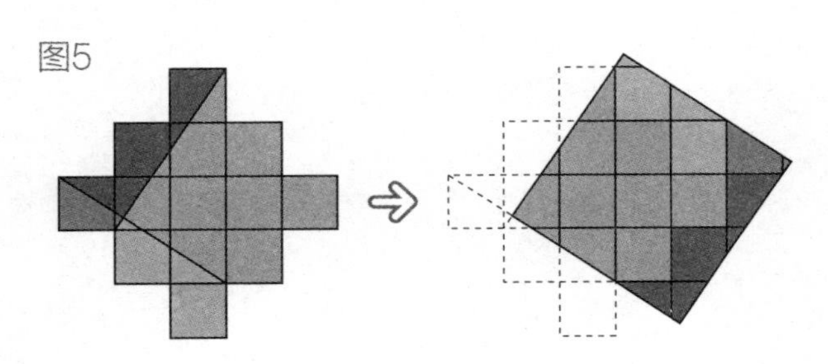

还有很多其他的切法。请一定自己试着找找看。

这次，13 块的问题是通过回想 5 块的方法而解决的。当遇到稍微复杂一点儿的问题时，“回想简单题的方法”，或者“简单题的时候是怎样思考的”，是非常重要的数学思维方式。这种思维方式不仅仅适用于数学。

46 试着不断增加年糕数看看

到前一部分为止，我们知道了与图 1 的 5 块年糕拼成的十字形相似的图形，（如图 2 这种的）用刀切 2 次就能拼成大正方形。

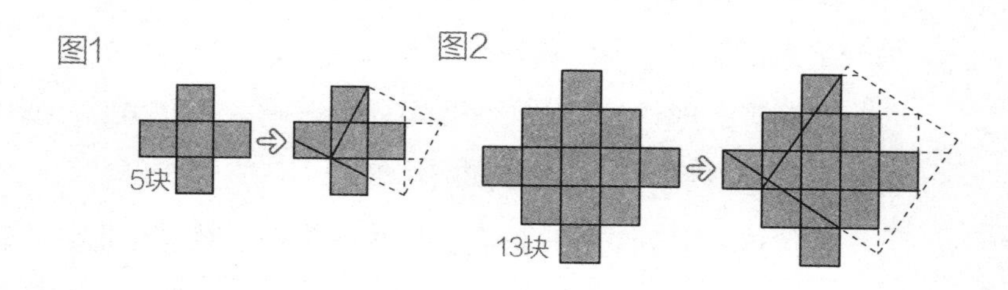

仔细观察图 1 的年糕的形状和增加了数量的图 2 的年糕的形状，再增加年糕数应该也可以吧。这样，如图 3 的 25 块年糕的形状，再增加年糕数 41 块年糕的形状都是可以的。

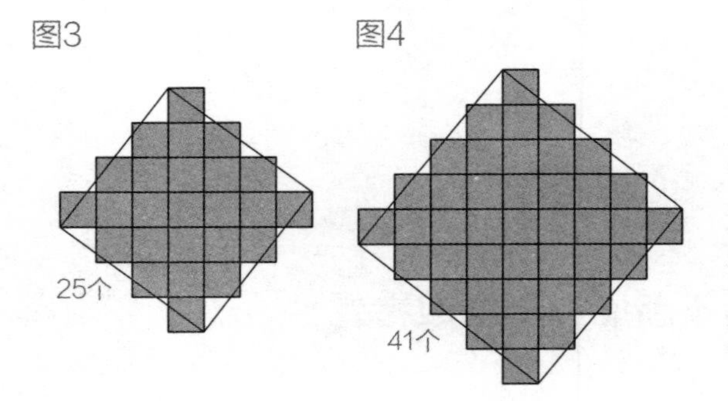

分别将图 3 和图 4 的四个方向最顶端的正方形的顶点连接起来，就画出了正方形。和 13 块时候一样，将这个正方形切下来的碎片平移到对面的空白处，就正好拼成了大正方形。

或者，在年糕上画 2 条长度为这个正方形一条边长的线，并让这两条线直角相交。沿着这两条线切开后拼在一起，就成为一个大正方形。请试着做一下看看。

像这样的形状，可以无止境地做出来吧。也就是说，应该有一系列这样的，用刀切 2 次就能变成大正方形的形状。

我给这一系列的图形起名为锯齿正方形。将这个形状旋转 45° 的话，就变成有锯齿的正方形了，可以说是疑似（不是真的，但非常的相似）的。

那么，在锯齿正方形的系列里，41 块的下一个应该是多少块才能成这个形状呢？再然后呢？

数锯齿正方形的年糕数

图 1 这种将正方形的年糕摆在一起形成的图形叫“锯齿正方形”。这个形状切 2 刀就能拼成正方形。现在已经数清了第 4 个图形中小正方形的数量。

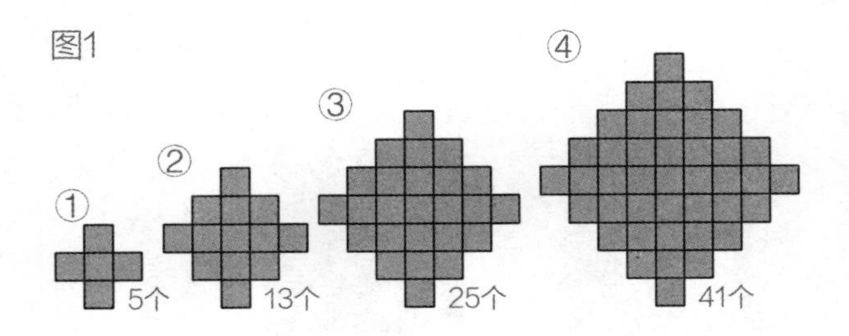

锯齿正方形越来越大，那么想想下一个，再下一个，也就是说第 5 个和第 6 个的年糕数是多少呢?

实际画一下数数看（虽然有点费事儿）就能知道了。从下面的图 2 能知道第 5 个是 61 块，第 6 个是 85 块。

图2

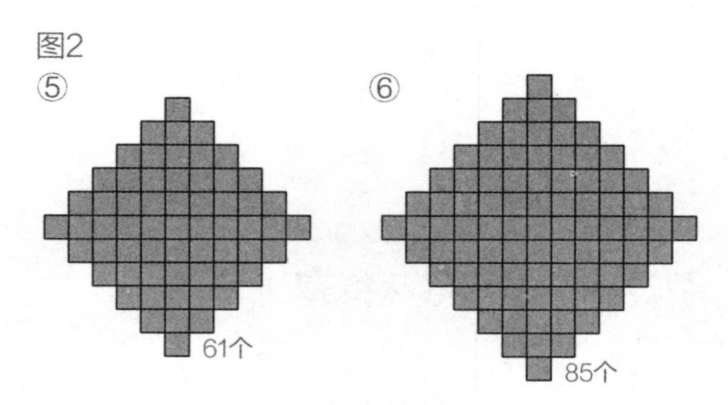

那么，被问到“第 10 个呢？”怎么办？

图不容易画吧。这个时候，简单的做法就是想一想①～⑥的数是怎么得来的呢？这里，相信大家还记得“锯齿正方形”是“疑似正方形”这个事儿。例如，将④旋转 45° 就更像正方形吧。然后，再给涂上颜色的话……！

图3

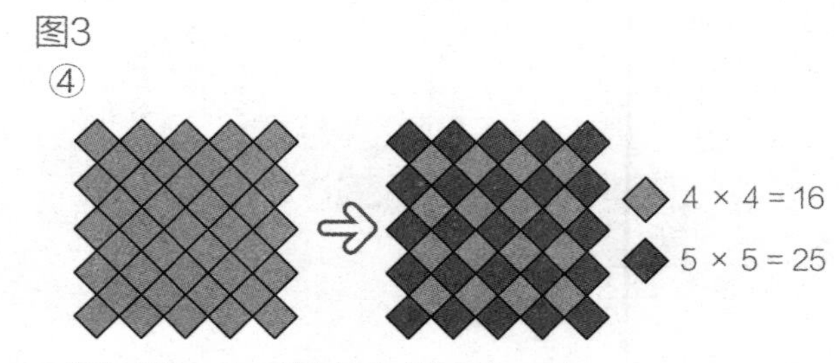

可以知道正方形按颜色排列在一起。

这样，④的 41 这个数是由 $4\times4+5\times5=41$ 计算出来的。再确认一下⑤和⑥是不是也能一样计算，然后再考虑一下锯齿正方形的年糕的数量吧。

48 数更大的锯齿正方形的年糕数

给像图 1 这样的形状起名叫作锯齿正方形。而且，在前一部分的最后留下了“图 1 之后的第 10 个锯齿的正方形的年糕数有几块呢？”这样的问题。

图1

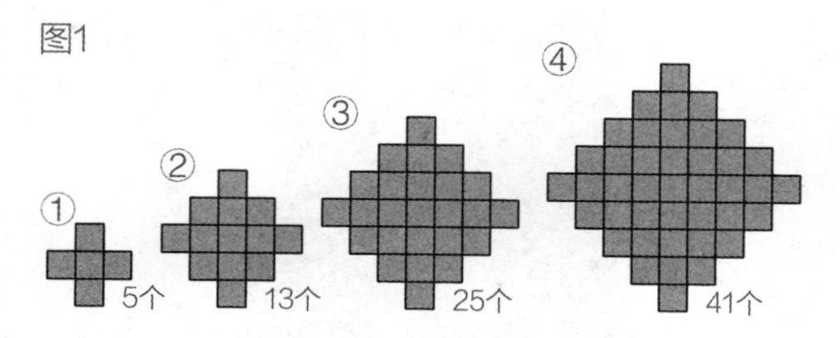

要是用数的方法的话，会越来越不容易。其实，我因为不太擅长计算，所以即使现在成为了数学家也是一计算就错。非常打怵 1 块 1 块的数。但是，正因为打怵才应该一丝不苟地完成。

于是，就去思考“有没有什么好方法呢？”，就能想到各种各样的方法。在前一部分介绍的涂色区分法就是其中之一。那么再试着想一想吧。

图2

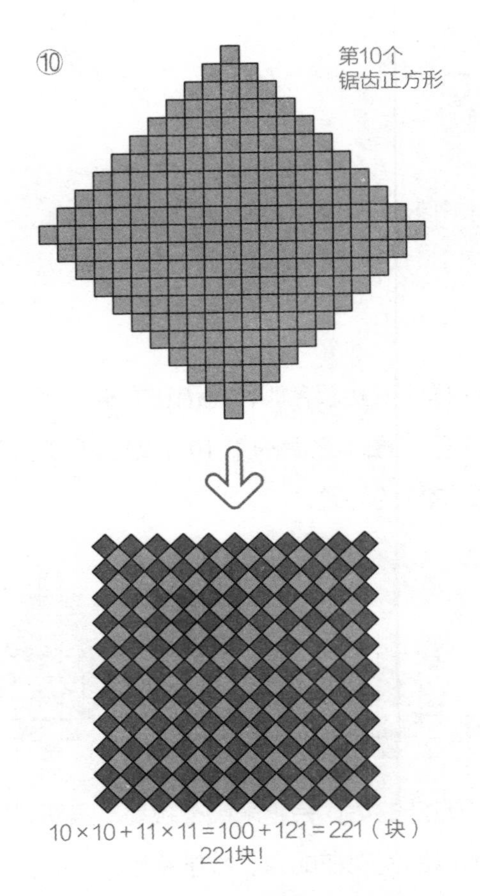

首先，第 10 个锯齿正方形是什么样子的呢？

在前一部分，将第 4 个锯齿正方形旋转 45° 的话，就变成横竖都是 5 块年糕排在一起的图形。所以将第 10 个锯齿正方形旋转 45° 的话，应该就变成横竖都是 11 块年糕排在一起，成为与正方形接近的图形。再给相间地涂上深色和浅色。

这样就形成了上一页图 2 一样的形状（因为图会变得很大，所以把正方形的大小给缩小了）。就能得出年糕数为 $10\times10+11\times11=221$（块）。

像这样，只要知道了数的规律，就算是第 10000 个锯齿正方形，也可以计算出来。而且，正因为是打怵计算的人，思考规律才是尤为重要的。

留一个在进入下一部分前的作业。紧连着的年糕，只要是锯齿正方形的块数，就可以用刀切开拼成正方形。除此之外还有没有可以用刀简单切开就能成为正方形的年糕数呢？

49

思考能够切开拼成正方形的年糕的形状

在前一部分留了一个作业“除锯齿正方形之外还有没有可以用刀简单切开就能成为正方形的呢？”。在前一部分没有进行说明，其实所谓的“简单”就是“可以简单地画出切开年糕的线”。

怎么样?

先说结论的话，就有很多个。

年糕是 1 块、4 块、9 块的时候，即使不用切，靠摆放就能成为正方形。所以，我们再考虑除此之外的情况。

首先，2 块年糕就可以。它的切法和移动方法如下面图 1。

图1

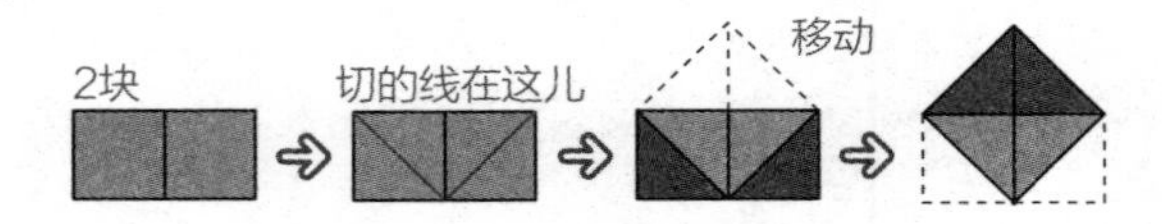

不只有这些。还有 8 块和 10 块的时候，只要开始摆好年糕的形状，分别如下面图 2 和图 3 所示，切 2 刀就能拼成大正方形。

所谓“摆好年糕的形状”，就是因为根据形状有可能 2 刀后不能拼成正方形。例如，不论是 8 块还是 10 块，摆放在一条直线上的话，只切 2 刀就绝对不可能的（试着考虑为什么不行也是很有意思的）。

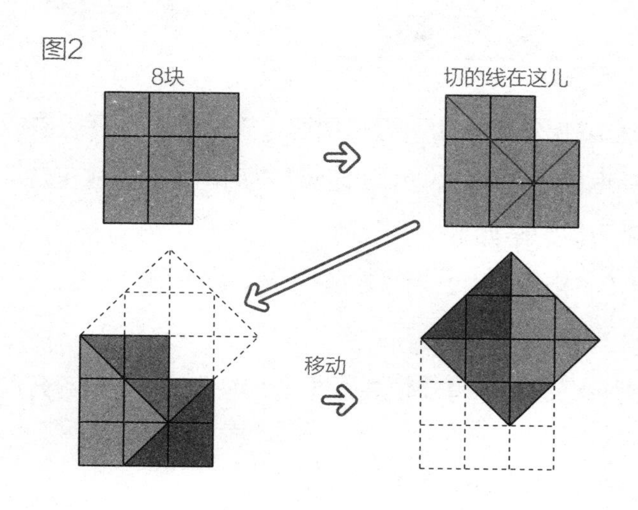

图3

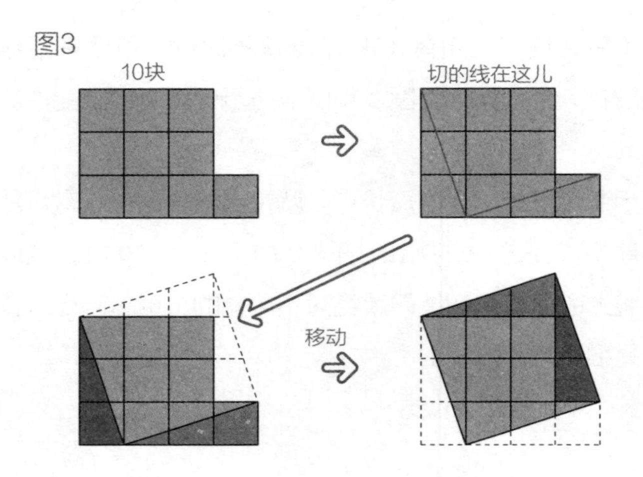

到 10 块年糕为止，可以用刀（简单地）切开后拼成正方形的有锯齿正方形组，再加上即使不用切也能摆成正方形的情况，就可以总结如下。

1（不用切），2，4（不用切），5（锯齿），8，9（不用切），10，共计 7 种。

那么，这些数有什么共通性吗？这是进入下一部分前的作业。

50

思考能够切开拼成正方形的年糕数的秘密

前一部分的作业是“用刀（简单地）切开拼成正方形的这些数有什么共通性吗？。具体为 1（不用切），2，4（不用切），5（锯齿），8，9（不用切），10……继续下去的数会有什么样的秘密呢？

另外，明明说“切开”，却还把不用切开也是正方形的数算进去，是因为可以在某处切一下，再把它还原到原处就还是正方形呀。

思考这道题的时候也是，“从已有知识作为抓手”是数学的基本。这里，我们已经知道它的构成是“即使不切也是正方形组”和“锯齿正方形组”。

但是，因为“即使不切也是正方形组”没有变化，所以，没有什么特别的。应该聚焦在“锯齿正方形组”。

图1

1×1+2×2=5块

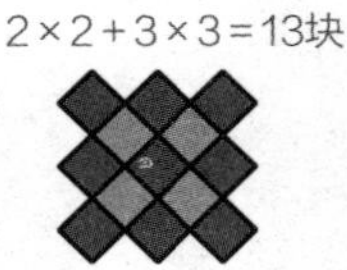

……

锯齿正方的构成是怎样的呢？关于这个，如图 1 倾斜 45°，用（浅色的正方形的数）+（深色的正方形的数）计算出来。

第 1 个……1×1+2×2=5

第 2 个……2×2+3×3=13

第 3 个……3×3+4×4=25

……

然后，第 10 个锯齿正方形就可以计算为 10×10+11×11=221。

其他组不能发现这样的构成吗？请稍微思考一下。

立马就能明白吧 ?!

也就是，2 可以算成 1×1+1×1=2。同样，8=2×2+2×2，10=1×1+3×3。

另外，“即使不切也是正方形群体”也能列出这样的算式。

1=1×1+0×0，4=2×2+0×0，9=3×3+0×0

最后我们就可以得出，只要（○×○+□×□）块年糕以合适的形状紧挨在一起，就一定能切 2 刀后拼成大正方形。

留个作业。试着将 5×5+3×3=34 块年糕，摆成合适的图形，切 2 刀后拼成个大正方形吧。

51

思考切开后拼成正方形的年糕的摆法

前一部分的作业为“试着将 5 × 5+3 × 3=34 块年糕，摆成合适的图形，切 2 刀后拼成个大正方形”。大家，做出来了吗？

在之前我们就说过，如果觉得难的话，就通过参考简单的例子或者是已知的例子来思考。

这道题的年糕数，既不是锯齿的，也不是不用切就行的那种。在之前出现的数中，有 2 块、8 块、10 块这三个，但是 2 块和 8 块都能列出○ × ○ + □ × □的算式，也是有些特殊。

最可能成为参考的就是 10 块年糕的情况。这种情况是 3 × 3=9 块年糕摆放成正方形，再在旁边紧挨着放 1 × 1=1 块年糕。然后，如下页图 1 一样切开。

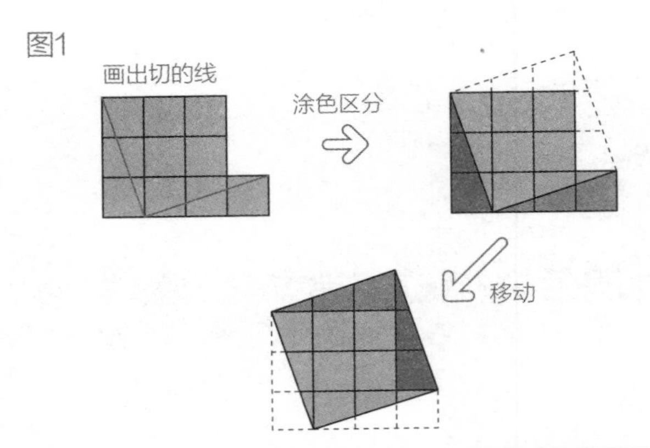

这种切法也可以用在 5×5+3×3 块年糕的情况，试着做一下，就是图 2 。

感觉应该可以拼成正方形。

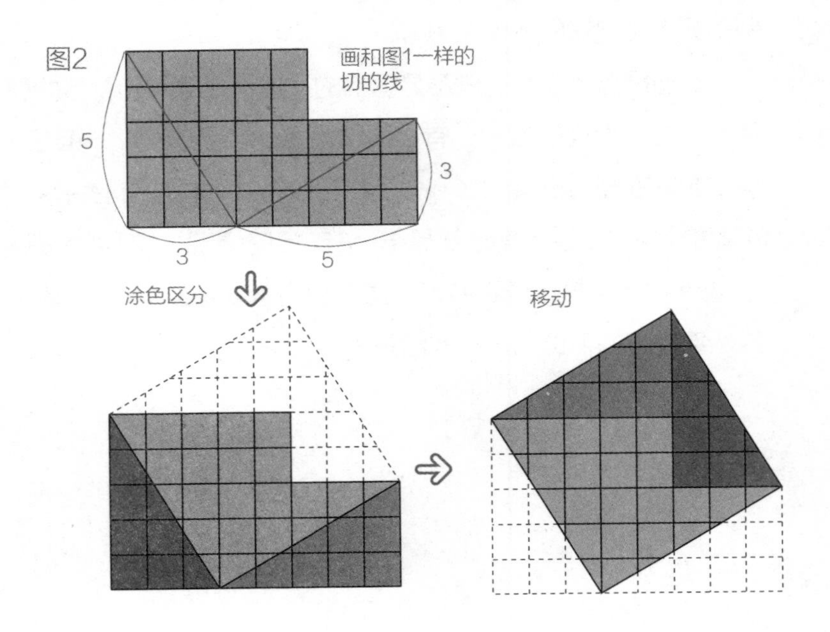

顺便说一下，对于 5 块年糕的锯齿正方形，在日本也有一种问法，就是采用的这种摆放方法。另外，锯齿正方形 3×3+2×2=13 块年糕，按这种摆放方法，也可以拼成大正方形。

请一定要自己试试看。除此之外，再试着思考一下其他（○×○+□×□）块年糕，如何拼成大正方形呢？

52

直角三角形共通的规律是什么

在前一部分我们知道了，将（○ × ○ + □ × □）块年糕摆成 2 个如图 1 的正方形后，切开移动就能拼成大正方形。

那么，请再稍微思考一下。○和□是纵向和横向的年糕的数量，都是整数。但是，如果把小年糕间的线拿掉，只要如图 1 摆成 2 个正方形后再切开的话，○和□是否还有必要是整数呢？

例如，让○是 3.14cm，□是 2.18cm，只要以相同的切法，一样可以拼成大正方形吧。

图1

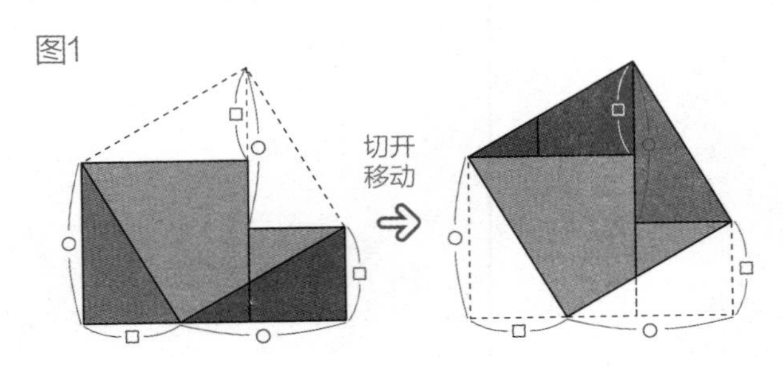

这么一思考，这个拼图就进入了下一个阶段。

如果仔细观察图 1 的左侧的图中的，深色的直角三角形，就会发现一件事儿。

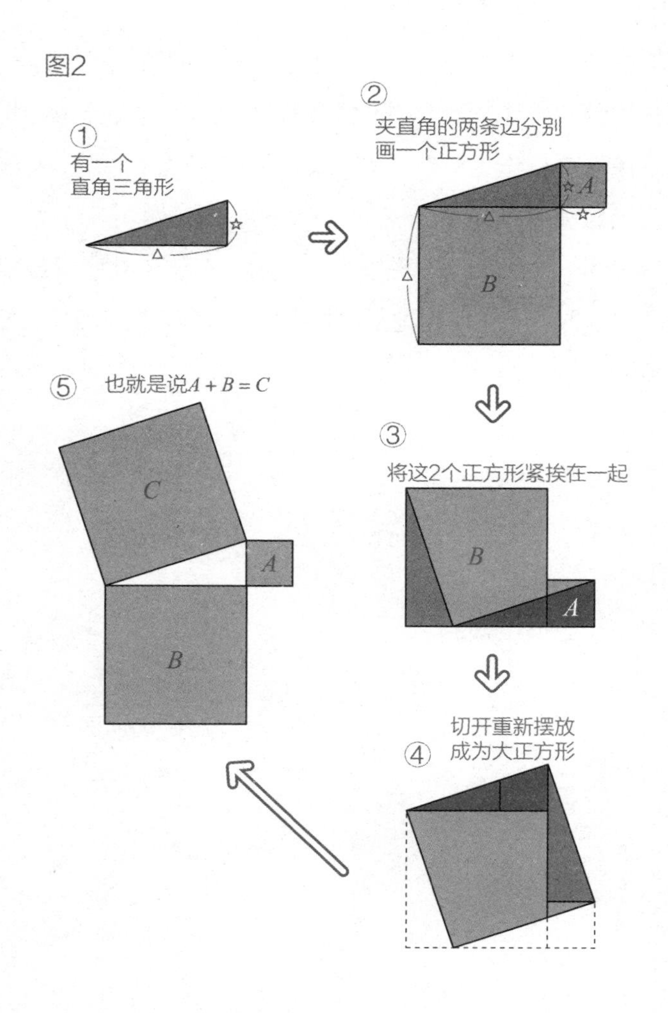

请随意画一个和这个直角三角形相似的直角三角形。然后，如上一页图 2 的②一样，思考一下以夹直角的两条边分别作为正方形的一条边看看。

将这两个正方形摆在一起，如图 1 一样切开（图 2 的③）。把切开的碎片移动一下，拼成大正方形。这个大正方形正是以直角三角形最长边为边的正方形。（图 2 的④）。这样，图 2 的⑤的记号 $A + B = C$。

在任何一个直角三角形中，$A + B = C$ 这个式子都成立，这个性质被叫作“勾股定理”，据说勾股定理在图形中是最美、最有用的数学公式。